ヤマケイ文庫

潮風の下で

Rachel Carson　レイチェル・カーソン
Keiko Kamitoo　上遠恵子・訳

Yamakei Library

UNDER THE SEA-WIND

A Naturalist's Picture of Ocean Life

by Rachel L. Carson

Japanese translation rights arranged with Frances Collin,
Trustee under-the-will-of Rachel Carson, P.O. Box 33, Wayne, PA
19087-0033, United States of America.

Illustrations by Kenji Motoyama

はじめに

本書には、海にかかわりをもつ生き物たちがたくさん登場します。それは魚ばかりでなく、砂浜に生きる小さなカニから浜辺の鳥たち、魚を餌にする海鳥たちなど、じつに数多くの生き物の姿が描きだされています。

この本は十五章に分れ、海辺、大海原、そして深海へと読者をいざなってくれます。その中に登場するおもな俳優たちに著者のレイチェル・カーソンは〝クロハサミアジサシのリンコプス〟や〝サバのスコムバー〟というような固有の名前をつけています。読者にとってそのような名前が出てくるとそういった種類があるのかと奇異な感じを抱いてしまうかもしれません。あるいは著者の好みでその名前をつけたのではないかと思われるかもしれません。たとえば〝小犬のチョビ〟というような。

けれども、この本に出てくる主演俳優の名前にはそれぞれ科学的な根拠があるのです。そこで、読者が理解しやすいように名前の由来を述べておきましょう。

クロハサミアジサシのリンコプス——リンコプスは分類学上の学名。

ミユビシギのブラックフット——この鳥の成鳥は黒く光沢のある脚が特徴。

ミユビシギのシルバーバート——この鳥は翼をひろげると上面にはっきりと白い線が見られるのが特徴。
シロフクロウのオークピック——オークピックはイヌイットの言葉でシロフクロウの呼び名。
ワタリガラスのツルガック——同じくイヌイットの言葉でワタリガラスの呼び名。
ミサゴのパンディオン——パンディオンは分類学上の学名。
マボラのムーギル——同じく分類学上の学名。
ハクトウワシのホワイトチップ——この鳥の頭が白い。
サバのスコムバー——スコムバーは、分類学上の学名。
ウナギのアンギラ——アンギラは分類学上の学名。
マスのサイノシオン——サイノシオンは分類学上の学名。
アンコウのロフィウス——同じくアンコウの分類学上の学名。

では、この自然界の生き物たちが語ってくれる海の大叙事詩に耳を傾けてください。

上野恵子

目次

はじめに　4

一部　海辺――海辺のドラマ　9

第一章　上げ潮　11
第二章　春の飛翔　30
第三章　北極圏の出会い　48
第四章　夏は終わった　81
第五章　海へ吹く風　95

二部　カモメの道――カモメが俯瞰する海のなか　107

第六章　春の回遊　109
第七章　サバの誕生　116

第八章　プランクトンの狩人　127
第九章　港　137
第十章　海路　153
第十一章　小春日和の海　169
第十二章　網あげ　186

三部　川から海へ――生命の回遊　201

第十三章　海への旅　203
第十四章　海の越冬地　222
第十五章　回帰　242

本書に登場するおもな生き物　260
訳者あとがき　272

本文イラストレーション＝本山賢司
カバーデザイン＝松澤政昭
文庫版編集＝岡山泰史

一部

海辺

——海辺のドラマ

スナガニ
ミズナギドリ
ミサゴ
チュウシャクシギ
ミユビシギ

第一章　上げ潮

その島は、静かに忍び足で東の入江を横切ってきたたそがれよりもほんのわずか深い影に包まれていた。島の西側にある湿った狭い砂浜は青白くきらめく空を反射し、その輝きは島の砂浜から水平線に向かって明るい道筋をつけていた。水も砂もメタリックな色をしていて銀の光沢でおおわれ、どこまでが水面でどこからが陸地なのかわからなかった。

それは小さな島で、カモメが翼を一回羽ばたくあいだに飛び越えてしまうほどだった。夜はすでに島の東北端へやってきていた。湿地の草は暮色におおわれ、丈の低いセイヨウスギやモチノキのあいだに厚い影を落としていた。

たそがれとともに奇妙な鳥が砂州の外の営巣地から島にやってきた。翼は真っ黒で、広げると人が腕を広げたよりも長かった。鳥は入江を横切って、ゆったりと飛んでいた。その進みぐあいは影がほんの少しずつ明るい水面をくもらせることでわかった。

この鳥はクロハサミアジサシのリンコプスだった。

島の海岸に近づくにつれ、クロハサミアジサシは水面近くに舞い降りた。灰色の水面に投げかける黒いシルエットは、あたかも目には見えない上空をよぎる大きな鳥の影であるかのようだった。しかし彼はとても静かにやってきたので、翼の音がしたとしても湿った砂の上の貝殻にくだける波のささやきに消えてしまった。

細い新月がもたらしたこの前の大潮で、砂州の丘を縁どる野生のカラスムギのあいだにまで、水がひたひたと押し寄せているとき、リンコプスとその仲間は入江と外海のあいだにある細い砂州の外側にやってきた。彼らは越冬地であるユカタン半島の海岸で冬を過ごしたあと、北へと旅してきたのだった。暖かい六月の太陽の下で卵を産み、淡黄色のひなを入江の砂州や外海の海岸で育てるのである。しかし彼らは長い空の旅で疲れていたので、とりあえず昼間、潮が引いている砂州の上で羽を休め、夜になると入江の中や湿地を歩きまわっていた。

満月になる前に、リンコプスは島を思い出した。南大西洋の大波が砂州でさえぎられている静かな入江の上を横切って島に戻ってきた。島の北側には潮が引くとき激しい流れとなる深い水路があった。南側の浜はゆるやかな斜面になっているので、引き潮になると漁師は一キロも沖まで歩いて行くことができる。漁師は脇の下に潮が満ちてくるまでホタテガイをさがしまわったり、地引き網を引いたりしていた。この浅瀬では、小魚が群がって水中の小さな獲物を食べたり、エビが尾をはじいてうしろ向きに泳いでいた。そして浅瀬の豊富な生き物を求めてクロハサミアジサシが夜ごと砂州からやってきて、浅瀬の上で羽ばたきながら水中の獲物をとるのだった。

日没のころは引き潮だったが、いまは潮が満ちてきて昼下がりにクロハサミアジサシが休んでいた場所をおおい、入江を通りすぎてさらに湿地の中まであふれてきた。ほとんど一晩じゅう、クロハサミアジサシは細い羽で水面すれすれを滑るように飛びながら小魚をさがして食べつづけるだろう。小魚は草の生えた浅瀬の隠れ家に満ち潮とともに移動してきていた。クロハサミアジサシは満ち潮になると餌をとりはじめるので、上げ潮カモメとも呼ばれている。

島の南海岸では、水底のなだらかな砂の上に二、三センチぐらいの深さの水が流れている。リンコプスは浅瀬の上を旋回し、尾に風を受けて飛びはじめた。彼の飛び方はかわっていて、翼を上下に大きく、しかも軽やかに動かしながら飛ぶ。頭を下にするどく曲げているが、そうするとハサミの刃のような形をした長い下くちばしで水を切ることができるのだ。

船首の波切りのようにクロハサミアジサシのくちばしですいた跡が、入江のおだやかな水面を小さく波立たせ、振動が海底の砂地に届き、またそこからはね返ってきた。この波の知らせを受け取ったイソギンポやタップミノーは餌にされることを恐れて浅瀬を逃げまわった。ときにはその振動が小魚の餌になる小さなエビや貝類が上のほうに群がっているという合図になることもある。そのようなときは、クロハサミアジサシが通りすぎると、好奇心の強い腹をすかせた小魚が水面に奥先を突き出してくる。リンコプスは旋回しながら飛んできたコースに沿って戻り、短い上くちばしをすばやく開け閉めして三匹の小魚をつかまえた。

ハア、ア、アー、ハア、ア、アーとクロハサミアジサシは荒々しい声で鳴きつづけた。その鳴き声が水面をわたっていくと、湿地からこだまのように仲間のクロハサミアジサシの答える鳴き声が返ってきた。

潮が海岸に少しずつ満ちてくるにつれて、リンコプスは島の南岸をあちこちと飛びまわり、魚をおびき寄せてとりながら戻っていった。そして空腹がおさまるまで充分小魚を食べると、彼は五、六回羽ばたいて水面を離れ、島をぐるりと旋回した。彼が東の端の湿地を飛びたったときにはタップミノーの群れは草の茂みの中で動いていた。そこならばクロハサミアジサシからは安全だった。クロハサミアジサシの翼はあまりにも大きく、草むらの中は飛べないからである。

リンコプスは島に住んでいる漁師がつくった波止場をそれて水路を横切り、塩水の湿地をすれすれに飛んだり、あるいは高く舞い上がり、飛ぶのを楽しんでいた。そして他のクロハサミアジサシの群れといっしょになって長い列を組んで湿地の上を飛んでいった。あるときは夜空に黒い影のように現れ、またあるときは空中を、白い胸とかすかにきらめく下側を見せてツバメのように旋回し、その姿はまるで怪鳥のようであった。彼らが飛びかいながら発する鳴き声は、うす気味悪い夜のコーラスだ。それは高音と低音の入りまじった不思議な混声曲で、ハトのようにクウクウとやわらかく悲しげな声を発したかと思うと、ふたたびカラスの鳴き声のように荒々しいものになった。そのコーラスは高く低く、そして大きくふくらみ、また打ちふるえ、遠ざかる猟犬の群れのさけびのように空の彼方に消えていった。

クロハサミアジサシは島をめぐり、いくどか左右に飛びかいながら南のほうへ飛んでいった。潮が満ちてくるあいだずっと、彼らは入江の静かな水の上で群れをなして餌をとる。彼らは夜の暗闇を好むが、今夜はまた厚い雲が月明りと海面のあいだにたれこめていた。

海岸では水が静かな、ささやくような音をたてながら、渚に打ち寄せられたナミマガシワと若いホタテガイのあいだにあふれてきた。波はアオサの山の下をすばやく流れてきて、午後の干潮のあいだ、そこに避難していたスナノミをゆり起こした。さざ波が返すたびに浮かび出てきたハマトビムシも、脚を高く上げたまま背泳をしているような格好で海に帰っていく。水の中にいれば、夜の海岸をすばやく静かに音もなく歩きまわるスナガニに対しても比較的安全であった。

島のまわりの水中では夜になってクロハサミアジサシがいないあいだ、多くの生き物が浅瀬で食べ物をあさっていた。闇が深まり、湿地の草のあいだに潮がひたひたと満ちてくると、背中にひし形の模様のある二匹のイリエガメがするりと水中に入って仲間といっしょになった。この二匹は雌で、ちょうど卵を高潮帯の上に産み終えたところだった。やわらかい砂に後脚で自分の体長ほどの穴を壺形に掘り、一匹は五個、もう一匹は八個の卵を産みおとした。そしてもう一度、後脚で注意深く砂をかけて卵の場所をおおい隠した。そのあたりの砂地にはほかの卵もあったが、二週間以上たったものはなかった。イリエガメにとっては五月が産卵シーズンの始まりなのである。

リンコプスがタップミノーを追いかけて湿地の隠れ場まで来ると、イリエガメが潮の流れの速い浅瀬の中を泳いでいるのが見えた。イリエガメは湿地の草を少しずつかじりながら平らな葉にはい上がってきた小さな巻貝をつかまえた。イリエガメはときには水底にカニをとりに潜ることもある。二匹のうちの一匹は砂の中に杭のように突き刺さったまっすぐな細い二本の枠のあいだを通りすぎた。それは一羽のアオサギの脚だった。アオサギは毎晩、十キロ以上離れた島の繁殖地から漁をするために飛んでくる。

アオサギは身じろぎもせず立ち、首をうしろにそりかえらせて肩にのせてかまえた。そのくちばしは脚のあいだを通りすぎる魚をねらって突くために空を舞う。イリエガメは深いところから出てきて一匹の若いボラを驚かしてしまい、ボラは海岸に向かって泳いでいった。すると目のいいアオサギはその動きを見てすばやく矢のようなくちばしで魚を突き刺してとった。彼はそれを空中に投げ上げると頭から呑みこんだ。この夜、このアオサギがつかまえた獲物はこれが初めてだった。

打ち寄せられた海藻や棒の切れ端、カニのハサミ、壊れた貝殻などの海のがらくたが満潮線を描いているところのなかばまで潮は満ちていた。その満潮線の少し上はイリエガメが最近卵を産んだ場所で、砂にはかすかにかき乱した跡があった。この季節に産んだ卵は八月までふ化しないし、前の年に生まれたたくさんの子ガメはまだ砂の中でじっとしていて冬ごもりから目をさましていなかった。冬のあいだ、子ガメは卵黄の残りを食べて生きているが、冬は長く、砂の深いところまでおりる霜のために、その多くは死んでしまう。生き残った子ガメも衰弱し、体は甲羅の中でちぢこまりふ化したときよりも小さくなっている。母ガメが次の世代の卵を産んでいるかたわらの砂の中ではようやくこの子ガメたちがそろそろと動きだすのだ。

それは潮がなかばぐらい満ちたころであった。あたかもそよ風が吹きわたったかのようにイリエガメの卵が眠る砂の上の草がそよいだ。しかしその夜はほとんど風がなかった。砂の上の草に分け目ができて、ずるがしこい一匹の血に飢えたネズミがやってきたのだ。脚と太い尻尾を引きずって草むらに平らな跡をつけて水辺までおりてきた。ネズミは家族とともに漁師の古い網置小屋の下にすんでいた。そこで島に営巣する鳥の卵やひなをふんだんに食べて暮らしていた。

ネズミがイリエガメの巣を縁どっている草むらから外を見ていると、すぐ近くの水面からアオサギが舞い上がって翼を強く羽ばたき、島を横切って北側の海岸へ飛び去っていった。ネズミは漁師が二人、小さな船を漕いで島の西の端にやってくるのを見つけた。漁師たちは船のへさきにたいまつをあかあかと焚きながら、その明りをたよりに浅瀬にいるヒラメを銛(もり)で突いていた。船が進むにつれて、黄色い点のような明りが暗い水の上を動いている。その光は船から海岸へ向かって寄せるさざ波の上にゆれていた。砂浜の草むらには二つの緑色の目が光っていた。船が南海岸をまわって町の波止場へと向かうまでじっとしていたが、やっと一匹のネズミが砂の上の小道を滑るようにおりていった。
イリエガメの新しく産みつけた卵の匂いがあたりに強くただよっていた。鼻をピクピク動かし、興奮してチュッチュッと鳴きながらネズミは砂を掘りはじめ、あっという間に卵を掘り出した。殻に穴をあけると内側の膜をむき中身を吸い出した。それからさらに二個の卵を掘り出したが、もしもすぐ近くの湿地の草むらの中でなにかが動く音が聞こえなければ、二個とも食べてしまっただろう。そこでは子ガメが、草むらのもつれた根や泥のあいだからにじみ出すように湧き出してくる水から逃れようと、必死にはいまわっているところだった。黒いものが砂地を横切って細い水の流れを越えて動いた。ネズミが子ガメをつかまえて口にくわえると、小高いところまで湿地の草むらを通って運んでいったのだ。そこでネズミはイリエガメの薄い甲羅をかじりとるのに夢中になっていたので、潮が満ちてきてその小高いところまで波がはうように押し寄せてきていたことに気づかなかった。その結果、島の海岸を歩きまわっていたアオサギがネズミをひと突きにしてしまった。

その夜は潮騒と水鳥の声のほかはなにも聞こえてこなかった。風が眠っていたのだ。入江の方向から砂州にくだける波の音が聞こえてきたが、遠くの海の声はほとんどだめ息かリズミカルな呼吸のように静かで、海もまた、入江の外で眠っているかのようだった。

波打ち際を自分の家をひきずって歩くヤドカリの、妖精のすり足のような音や魚の群れに追いかけられてはね上がった小エビが水面に落ちるときにたてる小さなしずくのポチャンというような音を聞き分けるのには、するどく耳をすまさなければならない。しかし、これらは島の夜の水と渚のひそやかな声なのだ。

陸上の声はほとんど聞こえない。虫たちの繊細なトレモロは、羽のキチン質のバイオリンが更けていく夜に奏でる春の前奏曲だ。針葉樹林の中で眠っているコクマルガラスやマネシツグミがなにかつぶやいている。彼らはときどき目をさまして眠たそうに互いに話しあっているようだった。真夜中近くにマネシツグミはほとんど十五分間も、彼がその日に聞いたすべての鳥の歌の真似をし、さらに自分自身がもっているふるえ声、クックックッという口笛を吹くような声を発していた。やがて彼も黙りこみ、夜はまた水と波の音だけになった。

その夜、水路の深いところではたくさんの魚が泳いでいた。これらの魚は腹部がふくらんで、やわらかいえらと大きな銀色のうろこをもっていた。それは産卵のために海から戻ってきたばかりのシャッド（ニシンの仲間）だった。彼らは何日も入江の向こうの外海にいたが、今宵の上げ潮にのって、漁師が沖から帰るときの道しるべにしているガランガランとなるブイの脇を過ぎ、入江を横切って水路に入ってきたのである。

夜の闇が濃くなるにつれて、潮はさらに湿地へと押し寄せてきて、河口の水位が高くなってくると、銀色の魚の動きは速くなった。彼らはより塩分の少ない水の流れに導かれて川をさかのぼるときを感じとっているようだ。河口は広く、流れはゆったりとしていて、ちょうど入江からのびる腕のようだ。岸には海水が混じった湿地が広がり、脈打つような潮は曲がりくねった川の流れに沿って逆流していった。そして、舌に感じる苦味は、それが海の水であることを物語っていた。

回遊してきたシャッドのなかのあるものは三年魚で、初めての産卵のために帰ってきたのだ。そのなかには四年魚もいくらかまざっていて、彼らは二度目の産卵のために川をさかのぼっているところだ。これらの魚は川の道のりや、ときどき現れるわかりにくい分かれ道をよく知っていた。

もしも「記憶」という言葉を使うとすれば、若いシャッドはデリケートなえらや敏感な側線で水の塩分の減少と海岸近くの水のリズムや振動を感知することで、その川をおぼろげに記憶していたことになる。三年前、彼らは川を離れ、人間の指の長さほどしかない稚魚として河口まで押し流されてきて、やがて秋の冷気の到来とともに海に出ていったのだ。川を忘れて彼らは海の中を広く回遊し、エビやハマトビムシなどを餌にしていた。彼らはかなり遠くまで回遊するので、人間はまだその動きを追うことができない。おそらく彼らは深い海底の暖かい水中や大陸棚のかすかな薄明りの中で憩い、暗黒と静寂が支配する深海の淵に臆病な旅をしながら冬を越したのだろう。夏になると外海に出て水面の豊富な餌をあさり、白い筋肉やおいしい脂肪を輝くうろこの下に蓄えていたのであろう。

シャッドが魚だけが知っている道をたどって海を回遊しているあいだに、地球は太陽の黄道十二宮を三たびめぐった。そして三年目になると、太陽が北方に動いて海の水がゆっくり温まるのに合わせてシャッドの種族本能は呼びさまされ、産卵のために自分の生まれた場所へ帰ってきたのだ。

いま戻ってきている魚のほとんどは重い卵をかかえた雌である。すでに遡上のピークは過ぎて産卵の季節は終わりに近かった。もっとも大きな群れはずっと以前に通りすぎていた。雄は川にまっさきに入ってきて産卵場所へ行ったが、そこには多くの卵をもったシャッドがいた。早く上ってきた魚は上流に四十キロもさかのぼっていったが、そこは川がまだ形をなしていないところでイトスギが茂る薄暗い水源池だった。

卵をもった魚はこの時期にそれぞれ十万個もの卵を産む。このなかからおそらくたった一匹か二匹の稚魚が生き残って川や海の危険を乗り越え、ふたたび産卵の時期に帰ってくる。こんなにもきびしい淘汰によって種は保たれ、制御されていくのだ。

島に住む漁師は、日暮れごろ、陸にいる仲間の漁師といっしょに刺網（さしあみ）を仕掛けに出かけた。彼らは大きな網を川の西岸に対してほぼ直角に張り、流れの中に充分広がるようにした。地元の漁師はみな、その父親から教わり、父親はまたその父親から教わって、シャッドは入江の水路からやってくること、また水路が切れて河口の浅瀬に入ってくると、ふつうは川の西側の土手にぶつかってくることを知っていた。しかしそれは、河口の西側は建網（たてあみ）のような大きな網で混みあうことを意味しているので、彼らは残されたわずかな場所をとるために先を争って網を張るのだ。

ちょうど今夜刺網を張った場所の上流に、建網の長いロープがやわらかい砂に打ちこまれている杭にとりつけられていた。昨年そこで喧嘩があったのは、刺網漁の漁師が彼の網でシャッドをとっているのを、建網をもっている漁師が発見したときだ。その刺網は建網のすぐ下流に仕掛けてあり、ほとんどのシャッドが行く手をさえぎられて横取りされてしまうのだ。刺網の漁師の数は建網の漁師より多かったので、よい場所をとれなかったときは河口の他の場所で漁をしたが収穫は少なく、建網の漁師をののしっていた。今年は夕暮れに網を張り、夜明けまで漁をして帰るということをやってみた。競争相手の漁師は日が上るまで建網を仕掛けなかったので、その時間まで刺網の漁師はいつも下流のところに網を仕掛けた。その場所で漁をしていた証拠を何も残さないように舟で網を仕掛けたのだった。

　満潮になろうとする真夜中近く、まっさきに上ってきたシャッドが刺網にぶつかって、並んでいるコルクの浮きの列をぐいと引いた。浮きの列は激しくゆすぶられ、そのいくつかは水中に沈んで見えなくなった。二キロもの卵をかかえたシャッドは、網の目のひとつに頭を突っこんで逃げようともがいていた。ピンと張ったより糸の輪が、魚がネットから抜けようとするにつれて、えらの下に滑りこんで繊細なえらの奥深くに食いこんでしまう。なにかひりひりして息が詰まるような首輪から逃げようとしてさらに前に進もうとするのだが、目に見えない万力に押さえられて上流に行くことも戻ることもできず、逃げ場所を求めて必死になっていた。

　コルクの浮きが何度も何度も浮き沈みして、その夜はたくさんの魚が網にかかった。魚のえらに食いこんだ網のより糸は、口から水を吸いこみ、それをえらから出すというリズミカルな呼吸運動をさまたげ、ほとんどの魚はゆっくりと窒息死していった。

一度だけ、浮きがかなり強く引かれて、十分間も潜っていたときがあった。それは水深一・五メートルほどのところを魚を追いかけて泳いでいた一羽のカイツブリが、肩を網にからませて必死にもがいているうちに翼も脚も絶望的にもつれさせてしまったときだ。まもなくカイツブリは溺れてしまった。ぐったりした体は、頭を上流の産卵場所の方向に向けた銀色の魚の群れといっしょに網からぶらさがっていた。上流にはまっさきに川をさかのぼっていったシャッドが彼らが来るのを待っていたのだった。

そのときまでに最初の六匹のシャッドがすでに網にかかっていた。河口にすむウナギは目の前のごちそうに気がついた。ウナギは夕暮れから川岸に沿って体をくねらせて滑るように泳ぎながら、その途中でカニの穴に鼻先を突っこんだり、小さな水の中の生き物など、つかまえられるものはなんでもあさっていた。ウナギは生きていくのに必要な餌をすべて自分でつかまえるのではなく、ときにはどろぼうになって漁師の刺網にかかった獲物を横取りしたりするのである。

河口のウナギはほとんど例外なく雄である。若いウナギが、生まれ故郷の海からやってきたそのころ、雌は川の上流に群がっているが、雄は河口のあたりでつやつやとして太った未来の配偶者が現れるまで待っている。そしていっしょになったウナギたちは二匹でそろって海へ帰る旅に出るのだ。

ウナギは穴から出て湿地の草の根の下に頭を突っこんで静かに前後にゆらし、水を吸いこみ、しきりにその味をたしかめた。ウナギのするどい感覚は、魚の血の味をとらえた。それは網にかかって逃げようともがいているシャッドからゆっくりと流れてきたものだ。一匹また一匹と、ウナギは穴を滑り出て、水にただよう味のあとを追って網にたどりついた。

その夜、ウナギは王者の饗宴を開いた。網にかかっている魚のほとんどが卵をもったシャッドだった。ウナギはするどい歯で腹部にかみついて卵を食べつくした。ときにはシャッドの全部を食べつくすこともあるが、その場合には一匹か二匹のウナギでシャッドの皮しか残さずに食べてしまう。略奪者のウナギは生きているシャッドを川の中で意のままにつかまえることはできないので、彼らがこんなごちそうにありつけるチャンスは刺網から横取りするときだけなのである。

夜が深まり満潮を過ぎると、上流へとさかのぼってくるシャッドの数は減って刺網にはかからなくなる。二、三匹かかったとしても、ちょうど潮が引く直前は網へのかかり方がゆるく、海へ返す波の力で危うく網から逃れることができる。こうして刺網を逃れても、なかには建網の誘導網によって方向を変えられるものもいて、彼らは小さな網目の壁に沿って泳いでいくと、ポケットになっている囲いの中心部に入りこんでわなにはまってしまう。十数キロ上流にさかのぼっている大部分のシャッドは次の潮が満ちてくるまで待っている。

漁師がランタンとオールをもって帰ってきたとき、島の北海岸の波止場の杭には波にぬれた跡が五センチほどついていた。じっと待ちかまえていたような夜の静けさが、波止場に長靴を置くどさっという音に破られた。オールがきしむ音がして、漁師は水路をこぎだして、オールから水をしたたらせながら、相棒の待つ町の波止場のほうに向かっていった。そして島はふたたび静寂と期待のなかに包みこまれた。

東の空にはまだ日の出の気配がなく、真っ暗な水と空気はそれとわかる動きもなくじっとしていた。あたかも真夜中の暗闇が心なしか薄くなり、見通せるようになったまま居すわっているかのようだ。やがて新鮮な空気が東から海峡を越えて引いていく水面に吹きわたり、小さな波を岸辺に打ち寄せた。

ほとんどのクロハサミアジサシはすでに入江を越えて、外海の砂州へと帰っていき、リンコプスだけが残った。見たところ彼は飽きることなく島を旋回して湿地の上に出撃したり、またシャッド網を仕掛けてある河口までさかのぼったりしていた。彼が水路を横切ってもう一度入江を渡って河口へ向かって飛んでいくころには、二人の漁師が舟を巧みに操って刺網のコルクの浮きのそばへと行くのが見えるほど明るくなっていた。白い霧が水面を流れ、漁師のまわりに渦巻いている。漁師は船の中に立って刺網を沈めていた錨の網を引き上げていた。錨はカナダモのかたまりをつけて重そうに引き上げられ、船の底に落ちた。

リンコプスは水面の上を低く飛びながら上流へ二キロほど行ってから、また湿地の上を大きく旋回して河口に戻ってきた。魚と水草の強い匂いが朝霧の中を彼のほうへ流れてきた。そして漁師の声が水面をわたってはっきりと聞こえてきた。漁師たちは小さな船の底にしずくをしたたらせた刺網を積み上げる前に魚を網から外しながら悪態をついていた。

リンコプスが船のそばを数回羽ばたいて飛んでいくと、漁師のひとりが肩越しになにかを乱暴に放り投げた。それは太く白い紐のようなものがついた魚の頭だった。紐のように見えたものはりっぱな卵をもったシャッドの骨だった。体はウナギのごちそうになってしまって残ったのは頭だけだったのである。

次にリンコプスが河口に飛んでいくと、漁師は引き潮にのって流れを下ってきた。船には網の山と六匹のシャッドが積まれていた。そのほかのものは全部ウナギに内臓を食べられてしまったか、あるいは骨だけにされてしまっていた。刺網が張ってあった場所には早くもカモメが集まってきて、漁師が船から投げ捨てた魚のくずに歓声をあげていた。

潮が引いていくのはすばやかった。水路を通って波打ちながら海へと走り去っていった。東の雲間から太陽の光がさし、入江をさっと照らすと、リンコプスは、争うように沖へと引いていく水のあとを追って向きをかえた。

第二章　春の飛翔

大量のシャッドが入江を通り抜けて河口へと押し寄せた夜は、おびただしい数の鳥たちがこの小さな湾に移動してくる夜でもあった。

夜明けに二羽の小さなミユビシギが、外海の荒波をさえぎっている島の浜で、引いていく水の波打ち際すれすれを走っていった。この鳥は赤錆(さび)色と灰色の羽毛をもった姿のよい鳥で、つぶやいているように泡をぷつぷつと吹き出すかたくひきしまった砂浜を、きらきら光る黒い足で駆けていく。彼らは、その夜のうちに南からやってきたばかりの数百羽のシギやチドリのなかの二羽だった。暗闇があたりをおおっているあいだは大きな砂丘のかげで休んでいた渡り鳥たちも、明るくなっていく朝の光と引き潮に誘われて波打ち際へ姿を現しはじめたのだ。

二羽のミユビシギは、小さな薄い殻の甲殻類を求めてぬれた砂の上をさがしまわっていたが、カニ狩りに夢中になるあまり、彼らはその夜の長い空の旅のことは忘れてしまったようだ。そのとき彼らは、数日のうちにたどりつかなければならないはるかな地——広大なツンドラや雪におおわれた湖や白夜のことも忘れていた。この渡り鳥たちのリーダーであるブラックフットにとって、この旅は南アメリカ大陸の最南端から北極の営巣地への四度目の旅だった。ブラックフットは、毎年春と秋、太陽を追って地球を北から南へ、また南から北へと二万五千キロの旅を続け、その短い生涯のあいだに十万キロもの飛行を行うのだ。砂浜で彼のかたわらを走っている小さな雌のミユビシギは一歳で、九カ月前、ようやく羽が生えそろった幼鳥のときに飛びたった北極地方へ初めて戻るところだった。年長のミユビシギと同じように、この若いミユビシギのシルバーバーも淡い灰色の冬羽から黄褐色や錆色を一面に散らしたようなマントに装いをかえていた。こうした色は、初めて故郷に帰るすべてのミユビシギが身にまとう共通の色なのだ。

ブラックフットとシルバーバーは波打ち際で、浜辺に蜂の巣状の穴をあけるスナホリガニをさがしていた。潮の引いた干潟で見つけることのできるあらゆる食べ物のなかで、彼らはこの小さくて卵型をしたカニがいちばん好きなのだ。寄せてきた波が引くたびに、ぬれた砂の上には小さなカニの穴から出る空気の泡ができる。足もとがしっかりしていれば、ミユビシギはそれを見て、機敏に動いて次の波が寄せてくる前にくちばしを穴に突っこみカニを引き出すことができる。また、たくさんのカニが、勢いよく押し寄せる波で洗い出され、流動化した砂の中にとり残されると、ミユビシギは、カニが大あわてで砂の中に潜りこむ前にすばやくつかまえてしまう。

引いていく波を追うように浜をおりながら、シルバーバーはきらきらした二つの泡が砂粒を押しのけて吹き出しているのを見つけた。彼女はその下にカニが隠れているのを知っていた。彼女はその泡を注意深く見つめながらも、澄んだ目で、次の波がくずれそうになりながらふくれあがってくる様子を見ていた。彼女は波が盛り上がり、浜辺に押し寄せてくるスピードを測っていた。水が動く深い低音の上に重なるように、波頭がくずれはじめる高いシューシューという音を彼女は聞いていた。ほぼその瞬間に砂の上にスナホリガニの羽状の触角が現れた。緑色の水の丘の真下を走りながら、シルバーバーは広げたくちばしで熱心に砂の中をさがし、カニをひっぱり出した。波が彼女の足をぬらす前に彼女は向きをかえ、浜辺を飛びたった。

太陽がまだ水平の光を投げかけているあいだにほかのミユビシギたちもブラックフットとシルバーバーに合流し、浜辺はたちまち小さな海辺の鳥たちをちりばめたようになった。

一羽のアジサシが波打ち際に沿って飛んできた。アジサシは黒い帽子をかぶったような頭を下に向けて、その目は水中の魚の動きをぬけめなく追っていた。彼はミユビシギの動きにも注意していた。それは、この小さな鳥は、しばしば驚き騒いでアジサシの漁の邪魔をすることがあるからだ。アジサシはブラックフットが波が引いた合間をすばやく駆けおりカニをさがしているのを見ると、おびやかすように急降下し、キーキーと甲高いおどかしの声をあげた。

ティーアルルル、ティーアルルルとアジサシは騒いだ。

ミユビシギの倍もの大きさの白い翼の鳥の急襲は、ブラックフットを驚かした。彼はくずれてくる波を避けることと、くちばしの中でもがく大きなカニを逃さないようにすることにすっかり気をとられていたのだ。彼ははじかれたように飛び上がり、キートキートとするどい声を発しながら波の上で弧を描いた。アジサシは大声をあげながら彼を追って旋回した。

空中でカーブを切ったり急旋回する能力にかけては、ブラックフットとアジサシはまったく互角だった。二羽の鳥は突進し、身をよじり向きをかえたかと思うとともにすばやく上昇し、次の瞬間には波の谷間めがけて急降下し、くだける波をすり抜けていった。二羽の発する声は波の音にかき消されて、浜辺のミユビシギたちには届かなかった。

ブラックフットを追って急上昇しながら、アジサシは水面下に銀色のきらめくものを見つけた。彼は頭をほとんど直角に下に向け、新しい獲物をよりはっきりと見定めた。彼は、魚の一群が太陽の光を受けて緑色の水の中でわき腹の銀色の縞をきらめかせるのをはっきりと見たのだった。次の瞬間アジサシは身をひるがえし、水面に向けてまっさかさまに急降下した。彼の体重は百グラムにもみたないのだが、まるで重い石のように落下し、激しい水しぶきをあげながら海に飛びこみ、ほんの数秒後には、身をくねらせる魚をくちばしにくわえて姿を現した。アジサシは水中の明るいきらめきに夢中になって、ブラックフットのことはすっかり忘れてしまった。ブラックフットは浜辺で餌をあさるミユビシギたちのなかに舞い降り、まるでなにごともなかったかのように、いそがしそうに餌を求めて走りだした。

潮がかわると海から押し寄せる波の力はずっと強くなった。波は大きくふくれあがったかと思うと激しくくずれ、ミユビシギたちにとって浜辺での餌さがしがもはや安全ではないことを警告していた。ミユビシギの群れは、彼らを他のシギ類から区別する翼の白い線をひらめかして海の上をぐるぐる飛びまわった。彼らは波頭すれすれに低く飛びながら浜に沿って移動していった。やがて彼らは浅瀬にやってきた。そこは数年前に、海が、波をさえぎっていた島を突きくずして入江に流れこんだ地点だった。

この地点での入江の浜は、南の海側から北の入江にかけて床のように平らだった。広くて平らな砂浜は、シギやチドリなど海辺の鳥にとって格好の休憩地だった。そしてまた、アジサシやハサミアジサシ、カモメなど海から生きる糧を得て、浜辺や砂州では群れて休むだけの鳥たちにとっても最高の場所だった。

その日の朝、入江の浜は、休んでいる鳥たちや、北への旅に備えて、その小さな体にエネルギーを蓄えるために潮がかわるのを待ってふたたび餌をとりにいこうとしている鳥たちであふれかえるばかりだった。時は五月、春の渡りの大移動はまさにピークに達していた。数週間前には水鳥たちがすでに河口地帯を去っていた。雲の流れのように、ハクガンの最後の群れが北へ飛び去ってから二度の大潮と二度の小潮が過ぎていた。二月には北の湖の氷が割れるのを待って、カモの仲間のアイサたちが去っていたし、そのすぐあとには、オオホシハジロが北へ退却中の冬将軍を追うように河口に生える野生のセロリのベッドをあとにしていた。同じように、河口の浅瀬のアマモを食べるコクガンや、カモの仲間のすばしこいミカヅキシマアジや、大空にやわらかなトランペットの音を響かせて飛ぶコハクチョウなどがあとに続いていた。

そして、チドリたちの鈴のような声が砂の丘に響きはじめ、チュウシャクシギの水笛の音が海水の入る湿地をふるわせた。夜の空を影のようなものがかすめ飛び、ほとんど聞きとれないかすかな笛のような音が風にのって、眠りについた漁村にまで聞こえてきた。浜辺や湿地の鳥たちは先祖代々受け継がれた空路に沿って、営巣地をさがし求めながら、奔流のように北への旅を続けるのだ。

海辺の鳥たちが入江の渚で眠りについているあいだは、そこはほかの生き物たちの餌場となる。最後まで動いていた鳥が静かになると、満潮線より上のやわらかい白砂の穴からスナガニがはい出してきた。スナガニは八本の足の先をすばやく動かして浜辺に駆けおりた。スナガニは夜の潮で流されてきた海藻のかたまりの前で一瞬足を止めたが、そこはシルバーバーが立っているミユビシギの群れの端からほんの十数歩のところだった。このカニは砂の色に大変よく似たやわらかい褐色をしていて、じっとしているかぎりは、ほとんど見つけることはできない。ただ彼の目だけが二本の棒の先についた黒いボタンのように見える。シルバーバーはこのカニがコウボウムギの草むらやアオサのかげにうずくまっているのを見ていた。スナガニはハマトビムシが無用心に飛び出してくるのを待っているのだ。スナガニはハマトビムシが潮が引いたあとの海藻の下に隠れているのを知っていて、海藻をちょっとかじってみたり、くさったゴミのかけらをつまみあげてみたりしていた。

潮が手のひらの厚みぐらいまで満ちてくる前に、ハマトビムシは緑色のアオサの細かく分かれた葉の下からはい出し、その敏捷な足のばねを生かして、人間にとっては倒れた松の木ほどにもあたるコウボウムギの茎を跳び越した。スナガニはその瞬間にネズミを襲う猫のように飛びつき、その大きく強力な爪やはさみでハマトビムシをつかまえ、むさぼり食べてしまった。スナガニはあとの一時間ほどのあいだに、音をたてずにそこここへしのび寄り、たくさんのハマトビムシをつかまえ食べつづけたのだった。

さらに一時間ほどたって風がかわった。風は海からななめに入江に吹きこんできた。鳥たちは一羽ずつ風上に頭を向けて体の向きをかえていった。その場所からは、波の向こうで数百羽のアジサシが漁をするのが見えた。アジサシは入江から海のほうへ泳いでいく小さな銀色の魚の群れをねらっているのだが、空は次から次へと海に飛びこむアジサシの翼の白いきらめきでいっぱいだった。

浅瀬にいる鳥たちは、ときおりはるか上空を飛んでいくダイゼンの群れが急ぎながら鳴きかわす声を聞いたし、北へ向かうオオハシシギの長い隊列を二度ほど目にした。

正午になるとユキコサギが白い翼に風を受けながら砂丘を越えてやってきて、長くて黒い足を振りながら高度を下げはじめた。ユキコサギはやがて砂丘の東の端と入江の浜との間にある、湿地の中の池の縁に舞い降りた。この池はマボラ池と呼ばれていたが、数年前この池がいまよりももっと大きかったころに、ときどきマボラが海から入りこんできたことからそう名づけられたのだ。この小さな白いサギは毎日この池にやってきて、浅瀬をすばやく泳ぐ小魚やハヤなどをつかまえた。ときにはもう少し大きい若い魚を見つけることもあったが、それは毎月の高潮のときに海側の浜が切れ、海とつながったときに迷いこむ魚だった。

池は昼下がりの静寂のなかでまどろんでいた。湿地に生える草の緑の中では、ユキコサギはその名のとおり雪のように白い体で、細くて黒い足で立ったままじっと動かず、緊張感に満ちたその姿はひときわ目立っていた。彼のするどい目はさざ波も、その波の陰さえも見落とすことがない。そこへ八匹の淡い色の小魚が一列になって池の底に八つの影を落としてやってきた。

ユキコサギは首を蛇のようにくねらせながら荒々しくくちばしを突っこんだ。しかし、彼はこのまじめくさった魚たちのパレードのリーダーを取り逃してしまった。透明な水は興奮して翼をばたつかせながらあちこちへとはねまわるユキコサギの足でかき乱され、濁った水の中では、小魚たちが突然の大混乱におちいってしまった。ユキコサギは大奮闘したにもかかわらず、結局わずかに一匹の小魚をつかまえただけだった。

ユキコサギは一時間ほど漁を続け、ミユビシギと他のシギ、チドリたちは、そこからほど近い河口の浅瀬を一隻の漁船が底をガリガリとこすりながらやってくるまで三時間あまりまどろんでいた。二人の男が船から飛び降り、潮が満ちてくる浅瀬で地引き網を引く準備を始めた。ユキコサギは頭を上げ、じっと耳を澄ました。河口側の池の縁に生えたコウボウムギの草むらを通して、ひとりの男が入江のほうへ浜辺を歩いてくるのが見えた。驚いたユキコサギは泥の中に足を強くふんばって、翼を大きく羽ばたいて飛び上がった。そして二キロほど離れた杉木立の中にある仲間たちの群棲地へ向かって砂丘を越えていった。数羽の鳥がそわそわしながら海のほうへ浜辺を横切って駆けていった。すでにアジサシは大声をあげながら群れになって上空を舞っていたが、それはまるで風に舞う紙吹雪のように見えた。ミユビシギの群れもまるで一羽の鳥のように整然と舞い上がり、その場所を飛び越すと上空を旋回し、やがて渚沿いに飛び去っていった。

スナガニはまだハマトビムシの猟に夢中になっていたが、やがて頭上を飛び交う鳥たちの騒ぎと砂の上を走りまわるたくさんの影に気づき危険を察知した。スナガニは自分の巣穴からは遠く離れたところにいた。漁師が浜辺を横切ってこちらにやってくるのを見ると、カニは穴に逃げこまないで、全速力で浜を駆けおり波の中に飛び込んだ。しかし、そこには大きなスズキが待ちかまえていて、一瞬のうちにスナガニをつかまえ飲みこんでしまった。この日の午後、このスズキはサメに襲われ、その体の一部は潮にのって浜辺に打ち上げられた。そして、その死体には浜辺の掃除屋であるハマトビムシが群がり、食べつくしたのだった。

たそがれの薄明りのなかで、ミユビシギたちはふたたび浅瀬で休んでいた。彼らは休みながら、入江の浜辺に一夜のねぐらを求めて湿地から飛んでくるチュウシャクシギたちが風を切る翼の音を聞いていた。シルバーバーはたくさんの大きな鳥たちが移動する不気味な音におびえて、年長のミユビシギたちのすぐそばに寄りそってうずくまっていた。チュウシャクシギの数は何千羽にものぼっていたにちがいない。暗くなってから一時間ぐらいのあいだに、チュウシャクシギは長いV字型を描いた大きな群れで続々と到着したのだから。この鎌の形をしたくちばしをもつ大きな茶色の鳥は、毎年北への渡りの途中で干潟や湿地のシオマネキを食べるために立ち寄るのである。

石を投げれば届くほどの距離のところを人間の親指の爪ほどの大きさもない数匹のシオマネキたちが浜辺を横切っていった。砂粒がたてる音のような彼らが歩く音は風の音で邪魔をされ、ミユビシギの群れの端にいたシルバーバーにすら聞こえなかった。シオマネキたちは浅瀬に入り冷たい水に体を浸した。湿地じゅうがチュウシャクシギであふれるこの日は、シオマネキにとって苦しみと恐怖の日になるにちがいなかった。毎時間何度となく湿地に舞い降りる鳥の影や、水際を歩くチュウシャクシギの姿は、小さなシオマネキたちをまるで恐怖に逃げまどう家畜の群れのように追いたてた。砂地を歩きまわる何百ものシオマネキの足は、かたい紙をガサガサさせるような音をたてた。シオマネキたちは可能なかぎり自分たちの巣穴に逃げこんだ。しかし、長く曲がった砂の中の巣穴もお粗末な避難所にすぎなかった。チュウシャクシギの曲がったくちばしは深いところまで追っていくことができるのだ。

やがて、薄暮のおかげでシオマネキの群れは引き潮が砂の上に置き去りにしていった漂着物のところに餌をさがしに行くことができた。このシオマネキは小さなスプーン状の爪で目に見えないような海藻のかけらを砂の中からいそがしげにさがしつづけた。

水の中に入っていったシオマネキは、おなかの広いエプロンに卵をたっぷりかかえこんだ雌だった。雌たちは卵をたくさんかかえこんでいるのですばやく動くことができず、敵の攻撃から走って逃げることもできないので、一日じゅう穴の奥深くに隠れていた。いまようやく彼女たちは海の中をゆらりゆらりとゆられながら重荷から解放される場所をさがしていた。こうして母親の体にくっついている小さなブドウの房のような卵に、海水にとけている酸素を与えるのはシオマネキに与えられた本能だった。産卵のシーズンにはまだ少し早かったが、なかには誕生の準備がすっかりすんでいることを示す灰色の卵をかかえたシオマネキもいた。このシオマネキたちにとって夜の沐浴の儀式は卵のふ化をうながす行動なのだ。母親が体を動かすたびにたくさんの卵がはじけ、幼生たちは雲のように水中に放出された。河口の静かな浅瀬で貝に生えている海藻をかじっている小魚さえ、新しく誕生した生命の群れがただよい流れていくことにはめったに気づかない。このようにして、シオマネキの赤ん坊たちは不意に、閉じこめられていた針の穴も通り抜けるほど小さい球形の卵から解き放たれるのである。

幼生たちの雲は引き潮にのって運ばれ、入江から外海へとただよっていった。朝の最初の光がようやく海面にさすころ、彼らは自分たちが見知らぬ大海原にいることに気がつく。そこはそれぞれが生まれながらに授かった自己防衛本能を除けば、なにひとつ助けてくれるものもなく、ひとりで切り抜けていかなければならないたくさんの危険のただなかなのだった。そして、多くのものは生き残れない。生き残ったものは波乱に満ちた数週間を過ごしたのち、潮の満ち干が豊かな餌をもたらしてくれるとともに、棲み家にも避難場所にもなる湿地の草むらのある遠く離れた浜辺に落ち着くのだ。

その夜はクロハサミアジサシたちが、月が一条の白い光を水面に投げかけている入江の上空を大声でさけびながら追いかけあっている騒がしい夜だった。ミユビシギたちはクロハサミアジサシを南米でよく見かけたことがあった。というのも彼らの多くはベネズエラやコロンビアのような南の地方で冬を越すからだ。ハサミアジサシはミユビシギとくらべれば熱帯地方の鳥といってもいいほどだった。彼らはシギやチドリのような鳥たちにとっては切り離すことのできない北の白い世界のことなど何も知らない。

夜半過ぎ、ときおり、はるか上空を渡っていくチュウシャクシギの声が空から降ってきた。浜辺で眠っていた仲間たちは不安そうに体を動かし、ときどきは悲しげな口笛のような声で返事をした。

その夜は満月の晩だった。満月は大潮を呼び、海はひたひたと湿地の奥深くまで押し寄せ、船着き場の床板を洗い、漁船のいかり綱をピンと張った。

海は銀色にゆらめく月の光を浴びて輝き、光に目がくらんだイカを水面におびき寄せていた。イカは水面をただよいながら、その目は月をとらえていた。彼らがゆっくりと水を吸いこみ、ジェット水流のように勢いよく放出すると、その体は彼らが見つめている光とは逆方向に進んでいった。彼らの感覚が月の光に幻惑されて、危険な浅瀬にただよってきていることに用心もせず、自分の体がざらざらした砂にこすられて初めて気がついた。座礁した不運なイカはあせってますます激しく水を吸っては吐き出し、ついにはすっかり水が引いてしまった砂の上にまで自分で乗り上げてしまった。

翌朝になるとミユビシギたちが暁の光のなかで餌をさがすために波打ち際にやってきて、そこに死んだイカが散らばっているのを見つけた。しかし、ミユビシギたちはここでぐずぐずしてはいられなかった。それは早朝にもかかわらず、たくさんの大型の鳥が集まってきてイカをめぐって喧嘩を始めていたからだ。それはメキシコ湾岸からノバスコシアにかけての地域で育ったセグロカモメだった。彼らは荒れ模様の天気に足止めされて腹をすかしていた。そこへ十羽ほどの黒い頭のワライカモメが飛んできて猫のような声で鳴きながら着陸しようと足をぶらぶらさせたが、セグロカモメはすさまじい金切り声をあげながらくちばしで攻撃して追い払ってしまった。

昼近くまでには、満ち潮とともに、海からの強い風が嵐を呼ぶ雲を追いかけるように吹きはじめた。湿地の緑色の草むらは、葉先が満ちてくる水に触れるほど大きくゆれた。潮が四分の一まで満ちたときに、すでに湿地はすべて水の中に深く没してしまった。カモメたちのお気に入りの休憩場である河口に点在している砂州も、風がうしろからあと押ししているかのような大潮にすっかりおおわれてしまった。

　ミユビシギの群れは、ほかの海辺の鳥たちといっしょに砂丘の陸側の斜面の下に避難していた。そこには浜辺の植物の茂みがあって、彼らを守ってくれた。そこからは湿地の鮮やかな緑の上をセグロカモメの群れが灰色の雲のように吹き飛ばされていくのが見えた。この群れは少し進むたびに形と方向を次々とかえた。群れのリーダーたちが安全な休み場所をさがして躊躇（ちゅうちょ）しているうちに、遅れてきた仲間が波のように押し寄せてくるからなのだ。彼らは朝とくらべると十分の一ほどに小さくなってしまった砂州に降りた。しかし、潮はなおも満ちてくる。カモメたちが甲高い声を上げて羽ばたき舞い上がり移動したあと、潮はカキの殻でできている砂州の上を、カモメの首の深さまで満ちてきた。とうとう彼らは向きをかえ、強風に真正面からぶつかってミユビシギたちがいる砂丘の避難所近くまでやってきて落ち着いた。

　嵐にさまたげられて、すべての渡り鳥たちが荒波のために餌をとりに出られないまま足止めされていた。入江を抱いているような岬の外の海上では、暴風雨が荒れくるっていた。外海に面した浜辺では二羽の小さな鳥が風にもまれてふらふらになって、砂の上をよろめいては倒れ、また、立ち上がってはよろめいていた。陸上は彼らにとって未知の領域だった。毎年子どもを育てるほんの短い期間を南極海の小さな島で過ごす以外は、彼らの世界はいつも空と波のうねる海だったのだ。彼らは嵐のために数キロも沖合から吹き寄せられてきたアシナガウミツバメだった。そして、その日の午後、翼の細い、タカのようなくちばしをした濃い茶色の鳥が入江を横切り砂丘のほうへ飛んできた。ミユビシギのブラックフットをはじめとしてたくさんの海辺の鳥たちは、うずくまったまま恐怖におびえていた。その鳥が先祖代々からの天敵で、北の営巣地でひなを襲う疫病神のようなトウゾクカモメであることに気がついたからだった。このトウゾクカモメも、ウミツバメと同様に強風のために大海原から吹き飛ばされてきたのだ

日没前に空は明るさをとり戻し、風も弱まってきた。まだ明るいうちに、ミユビシギたちは、この河口の島から出発し入江を横切っていった。入江の上空を旋回する彼らの眼下には、河口の明るい浅瀬を横切って、緑色のリボンのように曲がりくねった深い水路が見えた。彼らは水路に沿って傾いた赤い円柱ブイのあいだを通り、奔流がくだけて渦を巻いている早瀬を通り、沈んでしまったカキの殻の砂州の上を越え、ようやく島にたどりついた。ここで彼らは砂の上で休んでいる数百羽のコシジロウズラシギや、アメリカヒバリシギ、ハジロコチドリらと合流した。

ミユビシギたちはまだ潮が引いているあいだに島の浜辺に出て餌をあさっていたが、夕闇が迫ってきてクロハサミアジサシのリンコプスが到着する前に腰を落ち着けて休んでいた。彼らが眠っているあいだにも、また、地球が闇から光へとゆっくり回転しているあいだにも、海辺のあちこちの餌場から来た鳥たちが、航路に沿って北へあわただしく飛びたっていった。嵐が去ったあとの空気はふたたび澄みわたり、南西から気持ちのよいきれいな風が吹いていた。その夜は一晩じゅう、チドリ、チュウシャクシギ、コオバシギ、キョウジョシギ、コキアシシギらの声が空から降ってくるように聞こえていた。島にすむモノマネドリたちはこれらの鳴き声をじっと聞いていた。そして、翌日には新しく仕入れたばかりの鳴き声を、求婚のさえずりやさざめくようなひとりごとのなかにとり入れ、楽しんでいた。

夜が明ける一時間ほど前にミユビシギの群れは、おだやかな波が風に吹き寄せられた貝殻をもてあそんでいる島の浜辺に集合した。この茶色のまだらの鳥たちの小さな集団は暗い空に飛びたち、みるみる小さくなる眼下の島を尻目に北へと針路をとった。

第三章　北極圏の出会い

凍って不毛なツンドラ地帯の端にあるイルカがとびはねているような形の入江の岸辺にミユビシギが到着したとき、冬将軍は北の大地にまだ居すわっていた。ミユビシギは岸辺に飛来する海鳥の第一陣としてやってきた。雪は丘をおおい、小川のある谷間には深い吹きだまりができていた。入江の氷はまだ割れずびっしりと張りつめ、そして海岸には、緑色のギザギザにとがった氷のかたまりが、潮の動きに合わせて、ギシギシと音をたてながら積み重なっていた。

しかし、日脚が延びるにつれて太陽の光にあふれ、丘の南の斜面の雪はとけはじめていた。峰では風が雪の毛布を薄くはぎとっていった。そこでは、大地の茶色と、トナカイゴケの灰色がかった銀色が見えはじめていた。そして、この年になって初めて、カリブーは鋭いひづめで雪を掘らなくても餌にありつけたのだった。真昼時にはシロフクロウが、その姿を岩のあいだに散在する小さな水たまりに映しながらツンドラを横切っていった。しかし、午後なかばになると、水鏡には氷が張り、くもってしまった。

ヤナギライチョウの首のまわりには、すでに錆色の羽が見えはじめ、キツネやイタチの白い毛のコートにも茶色の毛がまじりはじめていた。ユキホオジロの群れは、日に日に大きくなってとびまわっているし、ヤナギの若芽はふくらみ、太陽の光を受けて色づきはじめていた。

暖かい陽ざしと、緑の草、くだける波が好きな渡り鳥たちの餌は、このあたりにはほとんどなかった。氷河によってもたらされた堆石によって北西の風から守られている数本の丈の低いヤナギの下に、ミユビシギたちはみじめに集まっていた。その場所でミユビシギたちは、ユキノシタの最初に出てきた緑色の芽を食べてしのぎ、北極圏の春が豊富な動物性の餌をもたらす雪どけのときを待っていた。

しかし、冬はまだ立ち去ってはいなかった。ミユビシギが北極圏に帰ってきてから二日目の太陽は、霧深い大気のなかでぼんやりとした光を放っていた。雲はツンドラと太陽のあいだに分厚くたれこめ、渦を巻いていた。そして、昼ごろには、空は、いまにも降りそうな雪雲におおわれた。広い海と流氷群の上空から風が運ばれてきて、冷たい空気は暖かい平野の上に吹きこむと霧にかわった。

昨日、草の生えていないむきだしの岩の上でほかのたくさんの仲間たちと陽なたぼっこをしていたレミングは、自分の穴に逃げこんだ。深くてかたい漂石層にうがった曲がりくねったトンネルは、草を敷いて、真冬でも暖かくすめるようにしてある小部屋に連なっていた。その日のたそがれ時、一匹のホッキョクギツネがレミングの穴の上を通りかかり、その真上で片足を上げたまま立ち止まった。静けさのなかで、彼のするどい耳は真下の通り道をゆきかう小さな足音をとらえていた。この春、キツネは何度も雪をかきわけてこれらの穴を掘り出し、満腹するまでレミングをとらえたものだった。いま、キツネはするどく鼻をならすと、足で雪を少し掘った。彼はここに通りかかる一時間ほど前に、枝先がちぎれているヤナギの茂みの中で小枝を折りながら、ライチョウをつかまえて食べたので、空腹ではなかった。だから、今日のキツネは耳をそばだてるだけにして、たぶんこの前ここにやってきたあとに、このレミングの巣がイタチなどに襲われていないことをたしかめたのだろう。彼はクルリと方向をかえ、たくさんのキツネによって踏みかためられたキツネ道を音もなく走っていき、立ち止まって堆石のかげに寄り集まっているミユビシギに目をくれることもしなかった。そして、三十四匹もの小さなホッキョクギツネが集団で暮らしている遠い峰に帰るために丘を越えていった。

夜も更けて、分厚い雲の峰のうしろのどこかに太陽が沈んだだろうと思われるころ、雪がちらつきだした。たちまち風が起こり、どんなに厚い羽毛にも、どんなに暖かい毛布にもしみとおる冷たい洪水のようにツンドラ地帯を吹きわたってきた。風が海から金切り声をあげて吹いてくると、霧は不毛の大地を横切って消え去った。しかし、雪雲は霧よりさらに厚くなり、真っ白にたれこめていた。

若い雌のミユビシギのシルバーバーは、十ヵ月近く前に北極圏を離れ、軌道の限界まで南に下る太陽を追いかけて、アルゼンチンの草原地帯やパタゴニアの海辺へ行ってしまったので、雪を見たことがなかった。シルバーバーは生まれてからのほとんどの期間を、太陽の輝く広々とした砂浜や見わたすかぎりの緑の草原で過ごしてきた。いま、背の低いヤナギの木の下でうずくまっているシルバーバーは、急ぎ足で、ほんの二十歩も歩けばそばに行けるはずのブラックフットを、渦巻く吹雪のために見ることもできない。どこの海辺の鳥たちでも風に向かって立つ習性があるが、ミユビシギも雪嵐をまともに受けとめていた。お互いに寄り添い、羽と羽をくっつけ、そしてうずくまり、かぼそい足がこごえるのを自分たちの体温で防いでいた。

もし、雪が吹き積もらず、その夜と翌日いっぱい降りつづかなければ、失われた命はもっと少なくてすんだだろう。しかし、小川のある谷間は夜どおし一センチまた一センチと雪に埋もれていき、峰に近いあたりでは白くてやわらかい雪がさらに深く積もっていった。氷が一面に張りつめた海岸線から何キロも広がっているツンドラ地帯、遠く南の果ての森のへりまで丘の起伏や、氷におおわれた谷が、少しずつ平らに埋められていった。そして、不可思議な世界、おそろしいまでに真っ白な世界がつくりだされた。翌日、紫がかったたそがれに雪は弱まり、その晩は、風のうなり声が響きわたったが、そのほかにはもの音ひとつしなかった。なぜなら、野生動物があえて一匹も姿を現そうとしなかったからである。

雪の精はたくさんの生命を奪っていった。ミユビシギの避難していたヤナギの茂みの近くに、丘陵の斜面に深くきざまれた谷があった。この谷にすむ二羽のシロフクロウの巣にも雪の精はやってきた。フクロウの雌はもう一週間以上も前から六個の卵を抱いていた。荒々しい嵐の最初の夜のうちに、雪は雌のまわりに降り積もったので、彼女の座っていたところには小川の川床のくぼみのような丸いへこみが残った。一晩じゅう、フクロウは巣を離れようとはせず、毛皮のような羽毛におおわれた大きな体で卵を暖めつづけた。朝には、羽毛の靴のような足の爪のあいだまで雪は入り込み、やがて、フクロウの体のまわりにもはい上がるように積もっていった。寒気は羽毛をも通してフクロウをこごえさせた。昼ごろになっても、空にはわたぼこりのような雪片が舞い、フクロウは頭と肩を残してすっぽりと雪に埋もれてしまった。その日、何度も雪片のように白く静かな大きな物影がこの尾根のあたりに飛んできて、巣のあるところの上を舞っていた。雄のフクロウのオークピックは、低いしわがれ声で自分の伴侶を呼んだ。寒さでこごえて羽が重くなった雌は目をさまし、体をふるわせた。雌のフクロウが雪の深い壁に閉ざされた巣からなかば羽ばたき、なかばよろめきつつ出てきて、雪から自由になるまでにしばしの時がかかった。オークピックは雌にコッコッと呼びかけた。それは雄のフクロウがレミングやライチョウのひなを巣に持ってきたときに出すような音だったが、フクロウは二羽とも、雪嵐が吹きはじめてからなにひとつ食べてはいなかった。雌のフクロウは飛びたとうとしたが、かたくなっていた彼女の重い体はぎくしゃくして、雪の上にぶざまに倒れてしまった。ようやく、しびれていた筋肉にゆっくりと血がめぐりはじめると、雌は空中に飛びたち、二羽のフクロウはミユビシギがうずくまっている上をただよい、広いツンドラのかなたへ飛び去った。

雪はまだぬくもりの残っている卵の上に降りつづけた。きびしいひどい夜の寒さに卵がさらされたときも、殻の中の小さな生命の炎はまだ弱々しく燃えつづけていた。食べ物である黄身から胚児へと血管の中を赤い血液が運ばれていたが、その流れもゆっくりになった。そして、時がたつにつれて細胞の活動——成長し、分裂し、また成長と分裂を繰り返して、フクロウの骨格と筋肉と腱を形づくるものであるが——は、少しずつ弱まりついに停止した。胚児の大きな頭の下で脈打っていた血管の動きは弱まり、ついに激しいけいれんを起こして止まった。六羽の小さなフクロウになるはずだった生命は雪の中に消えてしまった。しかし、六羽が死んだ分だけ、まだ生まれてきていない何百ものレミング、ライチョウ、ホッキョクウサギが、羽毛におおわれたシロフクロウに空から襲われ、殺される可能性から逃れることができたといえるだろう。

谷をさらにさかのぼると、数羽のヤナギライチョウが吹きだまりに埋もれてしまっていた。ライチョウはそこを一夜の宿に定めていた。ライチョウはあの嵐の夕方に峰を越えて飛んできた。そして、やわらかい吹きだまりに落ちるようにして降り立ったのだ。羽毛におおわれた雪靴をはいたライチョウは、キツネにねぐらを知られないように、決して足跡を残さない。これは弱いものと強いものとの知恵くらべ、生と死のゲームの掟だった。しかし、今晩はその掟をきちんと守る必要はなかった。なぜなら、雪がどんな足跡でも消してしまったからだ。たとえ、どんなに雪がゆっくりと降り積もったとしても、もっとも抜け目ない敵さえも出し抜くことができただろう。そればかりでなく、雪は眠っているライチョウの上にあまりにも深く積もりすぎたので、ライチョウたちは雪から抜け出すことさえもできなかった。

ミユビシギの群れのうちの五羽が、寒さのために死んでしまった。そして、十数羽のユキホオジロが舞い降りようとしたが、弱ってしまっていて、凍てついた雪の上でよろめいたり、羽ばたいたりしていた。

さて、嵐が去ると、飢えが広大な大草原の上に広がった。ライチョウの餌であるヤナギの多くは雪の下に埋もれてしまっていた。ユキホオジロやツメナガホオジロに種子を与えていた去年の雑草の枯れた穂は、光り輝く氷の鎧を身につけてしまった。キツネやフクロウの餌になるレミングは、自分たちのトンネルの中で安全だった。そして、この沈黙の世界のどこにも、貝や虫やそのほかの水際でとれる生き物をとって生きている海辺の鳥の食べ物はなかった。毛皮をまとい、羽毛におおわれた多くの狩人たちは、北極圏の春の短い灰色の夜じゅうずっと獲物をさがしてうろついていた。しかし、夜が朝になっても、狩人たちは雪の上をとぼとぼ歩いていたり、ツンドラの上を強い翼で羽ばたいたりしていた。なぜなら、前の晩の獲物だけでは飢えがしのげなかったからである。

狩人のなかに、シロフクロウのオークピックがいた。毎年氷に閉ざされた、もっとも寒い季節、オークピックはこの不毛の土地のはるか数百キロ南で過ごしていた。そこならば、彼の好物の小さな灰色のレミングをたやすくつかまえることができたからだ。吹雪のあいだは、オークピックが平原を横切り、海を見わたせる尾根に沿ってどんなに飛んでみても、生き物はなにひとつ見つからなかった。しかし、今日は、ツンドラの上をたくさんの小さな生き物が動きまわっていた。

小川の東の土手に沿ったところで、ライチョウの群れは何本かのヤナギの枝が雪の上に突き出しているのを見つけた。このヤナギの木は、不毛な大地に雪が降り積もるまでに、カリブーの角の高さほどに成長していた。しかしいま、ライチョウはヤナギのいちばん上の枝にもらくに届くことができた。彼らはくちばしで小枝をつみとり、春のやわらかい新芽が出てくるまで、この食べ物で満足することにした。ライチョウの群れはまだ白い冬装束をまとっていたが、そのうちの一、二羽の雄にほんの少しだけ茶色の羽毛がまじっていた。それは、夏が近いことを、そしてライチョウたちの求愛の季節がやってくることを物語っていた。冬の装いをしたライチョウが雪原で餌をあさっているとき、目立つのは、黒いくちばしと、よく動く目、そして、飛ぶときに見える黒い尾羽だけだった。ライチョウの昔からの敵であるキツネやフクロウでさえ、遠く離れていると彼らを雪原で見分けることができなかった。しかし、キツネやフクロウ自身もまた北極の保護色を身にまとっているのである。

さて、オークピックは小川のある谷間にやってくると、ヤナギの茂みのかげにきらきらした黒い玉が動いているのに気がついた。ライチョウの目だ。白い狩人は、青白い空にとけこみながら、ますます近寄っていった。それに気づかない白い獲物は雪の上を恐れることもなく動きまわっていた。風を切るやわらかいフーッシュという羽の音がして羽毛が飛び散り、雪の上には点々と赤いしみがまき散らされた。それはライチョウの産みたての卵の殻が乾くまでの色のように真っ赤だった。オークピックはライチョウを爪でつかみ、自分の領域の、見晴らし台である尾根の高いところへと運んでいった。そこには彼の連れあいが待っていたのだ。二羽のフクロウは温かい生肉をくちばしで引き裂き、フクロウのやり方で、骨も羽毛もいっしょに飲みこんだ。フクロウは食事のあとしばらくしてから骨や羽毛をてぎわよくまるめてペレットにしては吐き出すのだ。

飢えの苦しみに悩まされることは、シルバーバーにとって、初めての感覚だった。一週間前、彼女はほかのミユビシギの群れといっしょにハドソン湾の広い遠浅の海でおなかいっぱい貝を詰めこんだ。その数日前には、ニューイングランドの沿岸でハマトビムシを、そして南の太陽がさんさんと降り注ぐ砂浜では、スナホリガニをむさぼり食べた。パタゴニアからの一万三千キロにおよぶ北への旅のあいだ、彼らは食べ物に事欠くことはなかったのである。

空腹をそのまま受け入れる忍耐力をもっている年上のミユビシギたちは、辛抱強く引き潮まで待っていた。それから、シルバーバーやその仲間の一歳の鳥たちを率いて、入江の氷の端まで連れていった。海岸にはごつごつした氷のかたまりが寄せ集められて積み重なっていた。しかし、ついさっきの満潮で割れた氷塊はどこかへ移動していき、潮が引くと、氷があった場所には、平らな泥の干潟がむきだしになっていた。そこにはすでに、数百羽もの海辺の鳥たちが寄り集まっていた。彼らはこのあたり数キロのところからいちはやく飛んできた鳥たちで、雪の中で命を落とさずにすんだ渡り鳥だった。彼らは重なりあうように群れていたので、ミユビシギたちが着地する場所はほとんどなかった。そのうえ、表に出ている場所は一分の隙もなくほかの海辺の鳥たちのくちばしでさぐりを入れられて、ほじくり返されていた。かたい泥の底のほうをさぐっていたシルバーバーは、巻貝をいくつか見つけたが、中身はからっぽだった。シルバーバーはブラックフットともう二羽の一年鳥とともに、浜辺を二キロほど飛びまわったが、雪は地面と凍った入江をおおいつくしていて、食べ物はなにひとつ見つからなかった。

ミユビシギたちが大きな氷のかたまりの中を成果もなく食べ物をさがしているころ、ワタリガラスのツルガックがその上を翼を広げゆうゆうと通り越していった。

クルーック、クルーック。ツルガックは、しゃがれ声で鳴いた。

ツルガックは餌をさがして近くのツンドラと浜辺を何キロもパトロールしていたのだ。何ヵ月ものあいだこのワタリガラスが頼みにしていた動物の死体のあったところはすべて雪が積もっているか、動いていった入江の氷に運び去られてしまっていた。ようやくワタリガラスは、その日の朝、狼が追いかけて殺したカリブーの死骸の食べ残しを見つけ、仲間のワタリガラスをこのごちそうに呼ぶことができた。それまで、ツルガックの仲間の三羽の真っ黒な鳥は入江の氷の上をクジラの死体をさがしながら根気よく歩きまわっていた。何ヵ月も前にクジラの死骸がこの沿岸に流れ着き、一年じゅう入江のすぐ近くにすんでいるツルガックとその一族に冬のあいだの食料の提供者になっていた。しかし、あの嵐が氷の海に水路を開き、クジラの死骸は動きだした氷のかたまりに押されて水路に入りこみ、ふたたび氷の中に閉じこめられてしまったのだ。食べ物を発見したツルガックの喜びのさけび声に、三羽のワタリガラスはすぐに飛びたち、ツルガックについて、カリブーの骨に残っているわずかな肉にありつくためにツンドラを渡っていった。

次の晩、風がかわり、雪どけが始まった。一日、一日と雪の毛布は薄くなっていった。白い覆いには不ぞろいの穴がほころびていった。茶色の穴からは、裸の大地が顔を出し、緑色の穴は海にあいたもので穴のまん中にはまだ氷が浮かんでいた。丘の斜面をちょろちょろと流れていた雪どけ水は小川になり、小川はさらに広がり急流になっていった。北極の大地はとけだした雪をついには海へと送り届けた。海に流れ出た雪どけ水は、塩気のある氷にギザギザの切れ目や溝をきざみ、海辺に沿っていくつもの小さな池をつくった。池は透明な冷たい水で満たされ、新しい命にあふれていた。若いガガンボやカグロウは池の底の泥の中で活動しはじめていたし、北国のおびただしい蚊の幼虫も水の中でうごめいていた。

海辺を埋めていた氷がとけはじめるにつれて、低地の草原は水浸しになった。レミングは北極圏の大地の下に、何百キロも網の目のように広がるトンネルをつくっているのだが、そこにはもう住めなくなってしまった。静かな通り道や草の敷きつめてある平和な穴は冬のいちばんきびしいブリザードのときでも安全だったのに、いまでは水が恐ろしい洪水のように渦巻いて、押し寄せてきた。逃げだすことのできたレミングのほとんどは、高い岩や、砂利の山へ避難した。そして、太った灰色の体を日に干しながら、いましがた逃げだしてきたばかりの暗い恐怖のことをすぐに忘れてしまった。

ぞくぞくと、何百羽もの渡り鳥が南から到着していた。そして、ツンドラではオスのフクロウの腹に響くような鳴き声とキツネの遠吠えのほかにざわざわとした音も聞かれるようになった。それらの声はチュウシャクシギ、チドリ、そしてコオバシギ、また南からやってきたアジサシ、カモメやカモたちの声だった。セイタカシギの耳ざわりな鳴き声、ハマシギの鈴のような声、ヒメウズラシギの甲高いはしゃぎ声。それらはまるで、ニューイングランドの春の朝もやのなかで聞く鳥たちの橇の鈴のようなコーラスに似ている。

雪の平原のあちらこちらに大地が見えはじめると、ミユビシギ、チドリそしてキョウジョシギが雪のないところに集まって豊富な餌をさがしだす。コオバシギだけが雪がまだ残っている湿地や平地のくぼ地に集まっていた。そこでは、熟した種子をいっぱいつけたスゲの穂が雪の上に顔を出していて、風が吹くとぱらぱらと、鳥たちのために種子を落としてくれていたのだ

ほとんどのミユビシギとコオバシギは北極海に散らばっている遠くの島まで飛んでいく。そして、そこで巣をつくり、ひなを育てるのだ。しかし、イルカがとびはねているような形をした入江の近くに、ほかのミユビシギとともにシルバーバーとブラッ

クフットは残った。ほかにもキョウジョシギ、チドリ、そのほか多くの海辺の鳥たちもここに居残った。何百ものアジサシは近くの島に巣づくりの準備を始めた。そこは、キツネに巣を荒らされることもなく安全だった。ほとんどのカモメは夏になると北極圏の平野のあちこちに見られる内陸の小さな湖の岸に引っ越してしまった。

やがて、シルバーバーはブラックフットを連れあいとして選び、二羽は海を見晴らす石だらけの台地に移っていった。そこの岩はコケややわらかい灰色の地衣類でおおわれていた。これらの植物は、地球上の広々として風の強いところではいちばん最初に地表をおおう植物である。台地にははちきれそうな若葉の芽がふくらみ、ネコの尻尾のような花をつけた丈の低いヤナギがまばらに生えていた。散らばった緑の藪の中から、野生のカッコウソウの花がその白い顔を太陽に向けてのぞかせ、台地の南側の斜面の水たまりには雪どけの水があふれ、古い川床を通って、水は海へと流れこんでいった。

いまでは、ブラックフットはいっそう攻撃的になってきて、自分の縄張りに少しでも侵入しようとしたどの雄とも激しく喧嘩をした。このような戦いのあと、ブラックフットは首の羽を得意げにふくらませるように立ててシルバーバーの前を行進するのだった。シルバーバーが黙ってそれを見ているあいだに、ブラックフットは空中に舞い上がり、羽ばたきながらいななくようにけたたましく鳴いた。ブラックフットがこの動作をさかんに繰り返したのは、丘の東側の斜面に夕方の紫色の影がさしてくるころだった。

カッコウソウの茂みのはずれにシルバーバーは巣づくりをした。彼女はぐるぐるとまわって自分の体で浅いくぼみの形を掘り、巣の底には地面にはうように枝をのばしているヤナギの乾いた葉が敷きつめられた。ミユビシギたちは巣の形に沿って葉を一枚ずつ並べた。ときには地衣類なども敷きつめた。まもなく、四つの卵がヤナギの葉の上に産みおとされた。そして、ツンドラの野生動物に巣の場所を見つけられないようにシルバーバーは卵を抱いているあいだじゅうほとんど一睡もしないのだ。

四つの卵を抱いて過ごした最初の夜、シルバーバーはその年のツンドラでは初めて聞く音を耳にした。そのかすれたような叫び声は、闇のかなたから何度も何度も聞こえてきた。夜明けの光のなかでシルバーバーは濃い色の体と羽をもち、ツンドラを低く飛んでいる二羽の鳥を見た。新しくツンドラにやってきたのはトウゾクカモメで、この鳥はカモメの仲間なのだが、タカのように卵やひなを盗んだり殺したりするのだった。そのときから、この鳥の気味の悪い笑い声のような叫びは夜ごと不毛の大地の上に響きわたるようになった。

トウゾクカモメは日を追って数を増し毎日ツンドラに到着した。カモメやミズナギドリから獲物の魚を盗みながら北太平洋の漁場で暮らしてきたものもいたし、赤道近くの暖かい海からやってきたものもいた。いまではトウゾクカモメはツンドラじゅうの厄病神となった。彼らは一羽か、あるいは二、三羽で見晴らしのいい平原の上を飛びながら、一羽でうろついているシギやチドリ、あるいはヒレアシシギをさがした。一羽でいる鳥は無防備で仕留めやすいからである。ときには旋回しながら突然降りてきて、草がまばらに生えている広い泥の平野で餌をついばんでいる海辺の鳥の群れを攻撃することもあった。こうすると、仲間から一羽だけを引き離し、すばやく追いかけてつかまえられるからである。入江にいるカモメを混乱させて、とらえた魚を吐き出すまでいじめることもあった。彼らは岩の裂け目や石の小さな塚の中もあさることがあった。それは、穴の入口で陽なたぼっこをしているレミングを襲ったり、卵をかえしているユキホオジロを不意打ちにすることができるからである。ときには、岩の小高いところや峰に止まって、地衣類や泥板岩が明暗のまだらを描いているツンドラのゆるやかな起伏をながめていることもあった。広々とした平原にはものかげに隠されもせずにたくさんの鳥たちのまだらのある卵が産みおとされていたが、トウゾクカモメのするどい目でさがしても、離れているところから卵を見分けることはできなかった。ツンドラにすむ動物たちのカモフラージュはじつに巧妙で、巣ごもりしている鳥や餌をさがしまわっているレミングが急に動いたりしないかぎり、その居場所をトウゾクカモメに悟られることはまずなかった。

いまやツンドラは一日のうち二十時間は太陽の光のもとにあり、残りの四時間はやわらかい薄明りのなかでしばしまどろむのだった。北極圏のヤナギとユキノシタ、そして野生のカッコウソウとガンコウランは太陽のエネルギーを吸収しようとして新しい葉をあわててのばしはじめた。北極圏の植物たちは太陽が照り輝く二、三週間という短い期間に花を咲かせ実をつけるという一生分の生活をぎっしりと詰めこまなければならないのである。かたい殻でしっかりと保護された種子のみが、暗くて冷たい冬の期間に耐えることができるのだ。

やがて、ツンドラの表面はたくさんの花に彩られるようになった。まず、山岳地帯のダイコンソウの白い花が咲きはじめた。次には紫色のユキノシタが咲き、そして、キンポウゲの花で大地は黄色に染められていった。そこでは光沢のある金色の花びらをふみつけて、花粉をいっぱいつけた蜂のうなるような羽の音がにぎやかだった。どの蜂も花の中に頭を突っこみ、体のかたい毛に花粉をつけて運ぶのである。ツンドラも色彩のあるものが動くようになって、陽気に明るくなってきた。それは真昼の太陽がヤナギの茂みからチョウを誘い出したからなのだ。それまでの、冷たい風が吹きすさび、雲が太陽と地上のあいだにたれこめていたときは、チョウたちはヤナギの茂みにひっそりと身を隠していたのだった。

気候が温和な地域では、鳥たちは日没後や日の出直前の薄闇のなかですばらしい声でさえずる。しかし、不毛の北極圏では六月の太陽が地平線の下に沈むのはあまりにも短い時間なので、鳥のさえずり時である薄暮の時間はたった一時間しかない。その時間は、ツメナガホオジロのぶつぶついう声とハマヒバリの呼びかわす声に満ちていた。

六月のある日、ヒレアシシギのカップルがあのミユビシギたちの、ガラス張りのような池にコルクのように軽々と飛んできた。ヒレアシシギたちは、ときおり、水かきのある脚をすばやくかきながら、水の上をくるくるとまわった。それから、針のようなくちばしを何度も何度も水の中に突っこんでかきまわしては浮き上がってきた昆虫をつかまえた。ヒレアシシギはクジラやクジラの餌になるプランクトンの、雲のような群れを追って、もっと広い南の海の上で冬を過ごしていた。そして、移動するときには、内陸にゆきあたるまでは、北への海上ルートで、できるだけ遠くまでやってきた。それから、ヒレアシシギは尾根の南側のミユビシギたちの巣からそう離れてはいない斜面に巣をつくった。それは、ツンドラで見かけるどの鳥の巣もそうであるように、ヤナギの葉と猫の尻尾のような花が敷きつめられていた。準備が終わると、雄のヒレアシシギが巣の見張り番になった。これから十八日間、雄鳥は卵がかえるまで卵を抱きつづけるのだ。

昼間はやわらかいコーアヒー、コーアヒーというコオバシギたちのフルートのような声が丘の上から聞こえてきた。丘の上にはコオバシギの巣が、くるくるとちぢれた冠毛をもつ北極のワタスゲとダイコンソウの葉に囲まれて隠されていた。夕方、シルバーバーは、低い丘の上のおだやかな空でとんぼがえりをしたり、高く高く舞い上がったりする一羽のコオバシギを見ていた。教会の聖歌と呼ばれているコオバシギの歌は、丘を越えて何キロも離れたところにいる仲間のコオバシギたちにも聞こえていたし、引き潮で現れた入江の干潟にいるキョウジョシギやシギたちにも聞こえていた。しかし、その声を聞いたもののなかでもいちばんよく聞こえ、また返事を返したものは、ずっと下のほうの巣で彼らの四つの卵を抱いている最中の、まだら模様の小さな雌のオバシギだった。

それから、ある期間のあいだ、ツンドラの多くの声は聞かれなくなった。それは、不毛な土地のあちこちで、卵がかえりはじめ、親鳥はひなに餌をやらねばならなかったし、また敵からも隠しとおさなければならなかったからだ。

シルバーバーが卵を抱きはじめたとき、月は満月だった。それから、月はだんだんとやせ細り、やがて、細くて白い空の縁どりのようになった。それから、いままた太りはじめ、四分の一ほどの大きさになった。そして、入江の潮もまた、のんびりとおだやかになった。ある朝、岸辺の鳥たちが、引き潮のあとの浅瀬に餌をあさりに集まっていたとき、シルバーバーの姿が見られなかった。シルバーバーの、いまではすり切れてしまった胸の羽毛の下に抱かれている卵の中から一晩じゅう音がしていたからである。それはミユビシギのひなが卵の中からつつく音だった。産みおとされてから二十三日目にしてようやく生命が生まれる準備がととのったのだ。シルバーバーは頭を少し傾けて、音に耳を澄ませた。ときには卵から体を離してじっと卵を見つめていた。

近くの峰ではツメナガホオジロが、鈴のように響く節のある歌を歌いながら、繰り返し空高く舞い上がったと思うとまた草原に翼を広げて降りてきながら、歌をまき散らしていた。その小さな鳥の、羽毛を敷きつめた巣はヒレアシシギの池の近くにあって、連れあいが六個の卵をかえしているところだった。ツメナガホオジロは真昼の明るさと暖かさに有頂天になっていて、イヌイットの言葉でキガビックと呼ばれているシロハヤブサが空から降りてきて太陽と鳥のあいだに落とした影に気がつかなかった。シルバーバーはツメナガホオジロの歌を聞いていなかったし、その歌が突然やんでしまったことにも、気がつかなかった。そのうえ、一本の胸羽がシルバーバーのすぐ近くにふわふわと落ちていったことにも気がつかなかった。彼女は卵のひとつに穴があきはじめたのを見ていたのだ。聞こえていたのは、ひなのかぼそい産声の、ネズミのようなチューチューという声だけだった。シロハヤブサが海に臨んだ北向きのけわしい岩山の巣に帰り、ひなたちにツメナガホオジロを与えているころ、最初のミユビシギのひなが殻を破って姿を現した。そして、次の二つの卵にもひびが入っていた。

さて、このとき初めて、シルバーバーの胸には止むことのない恐れが生まれた。無力なひなの安全を守りたいと願う、すべての野生生物に共通する思いである。とぎすまされた感覚で、シルバーバーはツンドラの生き物たちを感じとることができた。浅瀬で岸辺の鳥たちをおびやかしているトウゾクカモメの叫び声に耳を澄まし、そしてシロハヤブサの羽が白くきらめくのをすばやく見つけようと目をこらしていた。

四羽目のひながかえると、シルバーバーは卵の殻をひとつひとつくわえて巣から離れたところへと運んでいった。いままでも同じことを数えきれないほどの世代を通してミユビシギはやってきた。こうすれば、カラスやキツネを巧妙に出し抜くことができるのである。岩のてっぺんにいる目のよいハヤブサだけではなく、レミングが穴から出てくるのをさがしているトウゾクカモメにさえも、小さな茶色の斑点のある鳥の動きを見分けることができなかった。彼女はカッコウソウの茂みの中では、それ以上はできないほどにひそかに、針金のようなツンドラの草に体をぴったりと押しつけるようにして動いていた。ワタスゲの草むらをあちこち走りまわったり、穴の近くの平たい岩の上で陽なたぼっこをしているレミングの目は、尾根の向こうの谷間の底にたどりつくまで母親のミユビシギの動きを見ていた。レミングはおだやかな生き物で、ミユビシギを恐れてはいないし、またミユビシギも彼らを恐れてはいなかった。

四つの卵がかえった日、シルバーバーはその短い夜のあいだじゅう働いた。そして、太陽がまた東にその姿を見せたとき、最後の卵のかけらを谷間の石の下に隠しているところだった。ホッキョクギツネがシルバーバーのそばを通った。しかし、しっかりした足取りで、岩の上を早足で通りすぎたにもかかわらず、まったく物音をたてなかった。キツネは母鳥を見て目を光らせ、ひなが近くにいると思ってくんくんと空気の匂いをかいでみた。シルバーバーが谷の上のほうにあるヤナギのところまで飛んでいくと、キツネが卵の殻を掘り出して、匂いをかいでいるのが見えた。キツネが谷の上に向かって歩きだしたとき、ミユビシギはキツネのほうに飛んでいき、あたかも傷ついているかのようにころげまわり、羽をばたばたさせ、砂利の上をはいずりまわった。こうしながらも、シルバーバーはひなたちが出すような高いピッチの声で鳴きつづけた。キツネは急いで近くにやってきた。シルバーバーはすばやく空中に舞い上がり、峰の頂上を飛び越えて、もう一度別の方向から現れた。こうして、キツネをじらしながら自分を追うように仕向けたのだ。しだいにキツネは、シルバーバーのあとを追いながら、尾根を越え、南のほうへ連れていかれてしまった。そこには、上流の小川からあふれだした水が注ぎこんでいる谷間の湿地があった。

キツネが斜面を早足で上っていくにつれて、巣にいた雄のヒレアシシギは低い音でプリップ、プリップ、シーシック、シーシックと雌が鳴くのを聞いた。雌は近くで見張りをしていて、キツネが丘を登ってくるのを見つけたのだ。雄はそっと巣からはい出して、逃げ道としてつくっておいた草のトンネルを抜けて、連れあいが待っている水際にやってきた。二羽の鳥は水たまりのまん中まで泳ぎだした。そして、心配そうに何度も輪をかき、羽をととのえ、水の中に長いくちばしを突っこんで餌をとるふりをしながらあたりの空気から麝香のようなキツネの匂いが完全になくなるまでこうして泳いでいた。雄の胸には卵を抱いていたために羽のすり切れたところがあった。ヒレアシシギのひながもうすぐかえるのだ。

シルバーバーはキツネをひなたちから充分引き離すと、入江の平らなところをぐるぐるとまわり、渚の端でしばらくのあいだ、神経質に餌をあさっていたが、やがて軽やかに飛び上がって、カッコウソウの茂みの四羽のひながいるところへ戻っていった。巣の底はまだ卵の湿り気でぬれた色をしていたが、すぐに乾いて砂の色と栗の色がまざったような淡黄色にかわっていった。

ミユビシギの母鳥は、乾いた葉や地衣類を敷きつめて、自分の胸で型をつくったこのツンドラにあるくぼみが、ひな鳥たちにとってもはや安全な場所ではないことを本能で悟った。キツネの光る目、岩の上を音もなくやってくるやわらかな足、ひなの匂いをたしかめるために上を向いてヒクヒクする鼻は、形もなく名もない何千という危険の象徴だったのだ。

太陽が地平線すれすれに移動していった。その太陽の光をとらえ、反射したのはシロハヤブサの巣がある高いがけだけだった。そのころ、シルバーバーは四羽のひなをツンドラの広大な薄闇のなかへ連れだした。

何日も、ミユビシギはひな鳥たちと石だらけの平原をさまよった。そして、短い冷えこむ夜や突然のにわか雨が不毛の土地を襲うときなどは、若鳥たちを翼の下に入れてやった。シルバーバーは、雪どけ水であふれるような湖の岸辺に沿ってひなたちを連れていった。湖にはひな鳥の餌をとるために風を切る音をたてながら飛びこむアビたちがいた。これまで食べたことのない新しい食べ物は湖の岸辺や雪どけ水が勢いよく流れこむ小川の中で見つけることができた。若いミユビシギたちも虫をとらえることを学んだり、流れの底にいる幼虫をさがしたりすることを覚えた。また、母鳥の危険を知らせる声を聞いたときには、地面にぴったりと身を伏せ、石のあいだでじっとして身動きしないこと、そして、気持ちのよい高いピッチのキーキー声で合図しないかぎり、母のもとに寄り集まらないことも覚えていった。こうしてひなたちは、トウゾクカモメやフクロウ、そして、キツネから逃れることができたのである。

卵がかえって、七日目、体のほとんどはまだひな鳥の綿毛におおわれていたが、翼にはしっかりした羽毛が三分の一は生えていた。さらに四日たつと、翼も肩も完全に羽毛におおわれた。そして、二週間もたつと、羽毛の生えそろった若いミユビシギは母鳥といっしょに湖から湖へと飛んでいくことができるようになった。

いまでは、太陽は地平線の下に沈むようになった。夜の薄闇はより濃くなっていき、たそがれの時間も長くなった。するどく激しく打ちつけるような雨が、ツンドラの植物の花びらを散らすようなやさしい雨にかわって、しばしば降るようになった。栄養素——澱粉と脂肪——は貴重な未来の生命になる胚として種子のなかに蓄えられた。

胚の中には、親の植物から代々限りなく伝えられる物質が、守られているのである。夏の仕事は終わった。花粉を運ぶミツバチをまどわす明るい色の花びらはもはやいらなくなってしまった。ならば、捨て去ろう。もはや葉を広げて太陽の光を受け、クロロフィルは空気や水を交換する必要もない。ならば緑の色素は色あせさせよう。植物は赤や黄色を身にまとい、やがて葉を落とし、そして、茎もひからびさせてしまうだろう。もう、夏は去っていく。

まもなく、イタチの毛皮に白い冬毛が現れ、カリブーの毛足ものびはじめた。ミユビシギの雄たちは、ひながかえりはじめたころから、真水の湖に群れになって集まっていたが、すでに南に向かって出発してしまった。出発した雄のなかにはブラックフットも入っていた。入江の泥の干潟には、シギの若鳥が何千も集まり、静かな海の上を高く高く飛んだり、さっと舞い降りたりして新しく見つけた飛ぶ喜びを満喫しているようだった。コオバシギも若鳥を連れて丘をおりて、海辺へとやってきた。そして、毎日、おとなの鳥たちは次々と旅立っていった。シルバーバーが卵をかえした池のそばで、三羽の若いヒレアシシギの家族が岸辺に沿って葉っぱのような水かきのある足でくるくる泳ぎ、くちばしを突き刺しながら虫をあさっていた。雄と雌のヒレアシシギはすでに数百キロも東に来ていたので、こんどは南のほうへ外海を渡っていく準備をしているところなのだ。

八月のある日、シルバーバーは仲間とともに入江の海辺で成長した若鳥と餌をあさっていたが、突然、ほかの二十羽ほどの先輩の鳥たちといっしょに空中に舞い上がった。この小さな群れは、翼の白い線をさっときらめかせ、大きな輪を描きながら入江の上をまわった。そして、また出発点に戻ってきて、若鳥たちがまだ走りまわったり、波打ち際で餌さがしをしたりしている干潟の上を通りすぎるとき、大きな声で鳴いた。それから、頭を南に向けて飛び去っていったのである。

親鳥たちにはもうこれ以上北極にいる必要はなかった。巣づくりは終わったし、卵はりっぱにかえしたし、ひなに餌のとり方、敵からの身の隠し方、そして生と死のゲームの規則も教えた。もう少し日がたち、若鳥たちが二つの大陸の海岸線に沿って旅ができるほどに体力がつけば、本能のなかに記録されている方法で道をさがしながら、あとを追ってくるだろう。その間、おとなのミユビシギたちは暖かい南が呼ぶのを感じ、太陽を追って南へと向かっていた。

その日の日没ごろ、シルバーバーの四羽の子どもたちは、ほかの二十羽ほどの羽毛の生えそろった若いミユビシギたちといっしょにうろついていた。やがて、海岸線に沿った尾根によって海から切り離された内陸の平原にたどりついた。この平原の南側には小高い丘が連なっていた。平原の表面は草でおおわれ、ところどころによりやわらかく、さらに濃い緑色をした湿地が点在していた。若いミユビシギたちは、曲がりくねって流れる小川に沿ってこの平原にやってきた。そして、今晩一晩この川岸で休むことにした。

ミユビシギの耳には平原のさらさらというたえまない動きの発する物音が、聞こえていた。それは、松の木の梢をわたる風のようでもあった。しかし、この広大な不毛の地に木は生えていない。またそれは、水が石に当たって、小石と小石をこすりあわせながら、小川の川底をやさしく流れる音のようでもあった。しかし、今宵は、小川は夏の終わりの薄い初氷の下に閉じこめられていた。

その物音は、じつはたくさんの翼が動く音であり、平原の丈の低い植物の茂みの中を動きまわる、羽毛におおわれた鳥たちのたてる音であり、また、無数の鳥の声のつぶやきでもあった。ムナグロの群れも集まりはじめていた。広い海の浜辺から、イルカがとびはねているような形をした入江の岸辺から、ツンドラのあらゆるところから、そして何キロも離れた高地から、胸が黒く、背中に金色の小さなまだらをつけた鳥がこの平原に集まってきた。

夕べの影がツンドラをおおい、北極の世界に闇が広がっていくなかで、地平線には燃える炎のような輝きが残っていた。それはあたかも、太陽の残り火を風がかきまわしているかのようだった。闇が広がるにつれて、彼らの興奮状態は増していった。新しい到着組が来るにつれて鳥の声はどんどん多くなっていった。そして、集団の興奮が増すにつれて、鳥の声は大きくなっていき、この平原を風のように渦巻いた。ふつうのつぶやきに加えて、ときおり、高くてふるえたさけび声を群れのリーダーたちがあげた。

出発は真夜中に始まった。まず、六十羽ほどの最初の群れが空中に舞い上がり、平原の上を旋回した。そして、編成をきちんと組み、南に向かって飛んでいった。それから他の群れが次々に翼をととのえ、羽音高くリーダーのあとに続いていった。ムナグロはツンドラの上を低く飛んでいったが、ツンドラの起伏はまるで深い紫色の海のように彼らの下にうねっていた。先がとがりピンとのびた翼の羽ばたきは力強く、優雅で美しく、この旅に向けての終わることのない活力がみなぎっていた。

クゥーイーイーイーア、クゥーイーイーイーア。

渡り鳥の呼びかわす高いピッチのふるえるような声が、空からはっきりと聞こえてくる。

クゥーイーイーイーア、クゥーイーイーイーア。

ツンドラにいたすべての鳥がこの呼び声を聞き、その切迫感ある声に漠然とした不安をかきたてられた。

この声を聞いた鳥たちのなかには、ツンドラのあちこちに散らばって小さい群れをつくっている、今年生まれた年若いチドリたちもいたにちがいない。しかし、どの鳥も年長の鳥が飛びたつのといっしょに行こうとはしなかった。だが、何週間か過ぎたら、だれにも道を導かれずに旅立つことは確実である。

最初の旅立ちから一時間がすぎたころから、飛びたつ鳥たちは群れに分かれるのではなく、とぎれることなく出発しだした。いまや、空には力強い鳥の川が流れこんでいるようだった。不毛の土地を南へ横切り、北部の入江の岬を越え、そしてさらに長くつながっていった。やがて空が明るくなり、新しい一日がやってきたが流れは止むことがなかった。

人びとはこれを見て、ここ数年、これほど大きなムナグロの群れを見たこともないといっている。ハドソン湾の西岸で伝道活動をしていた老司祭のニコル神父は、彼が若いころに見た大飛行を思い出させるといっていた。若いころというのは、ハンターたちがさかんに鳥を撃ち、昔の規模とはくらべものにならないほどの数に減らしてしまったときよりも以前のことなのだ。そのころは入江の周辺のイヌイットやわなを仕掛ける人や毛皮商人たちでさえも、朝の空を見て、飛びたっていく鳥の最後の一群が入江を横切り、東のほうに消えていくのを見ると目を見張ったという。

鳥たちの行く手の霧のなかのどこかにラブラドル海峡の岩礁海岸があるだろう。そこには紫色の実をつけたガンコウランの茂みが地をおおっている。さらにそこを越えた向こうにはノバスコシアの遠浅の海がひかえている。ラブラドルからノバスコシアまで、熟したガンコウランの実をついばみ、カブトムシやアオムシや貝などを食べ、脂肪を増やし、翼を元気よく動かす筋肉の中で燃えるようにエネルギーを蓄えながら鳥たちはゆっくりと道程をたどるのだ。

しかし、やがて、また群れが空に舞い上がる日がやってくる。今回は南をめざし、海と空とが出会うもやのかかった水平線に向かっていく。彼らはノバスコシアから南アメリカへと大洋を南に向かって、三千キロ以上も飛んでいくのだ。鳥たちは、海上の船からも見られる。海面すれすれをかなりの速さでまっすぐに飛んでいくところは、まるで、行く先を知りつくし、行く手になにも阻むものがないかのようであった。

道中で落伍してしまうものもいるにちがいない。年老いたものや病気のものは旅の仲間から離れ、人気のないところへそっと降りていき死ぬのだろう。またなかには銃で撃たれてしまうものもいるかもしれない。勇敢に生命の炎を激しく燃えたぎらせながら懸命に飛んでいる彼らを、気まぐれな楽しみのために法律をおかして撃ちおとす人間もいるからである。あるいは、疲れきって海に落ちていくものもあるだろう。しかし、彼らは渡りの途中で起こりうる失敗や災難に気がつくふうもなく、北の空を楽しげにさえずりながら飛んでいくのである。鳥たちは渡りの衝動に突き動かされ、すべての欲望や情熱を力の源として使いつくすために、いま一度燃え上がらせるのだ。

第四章　夏は終わった

いまではすっかり白い羽毛におおわれたミユビシギたちが、ふたたび島の浜辺を走りまわったり、引き潮時の干潟でスナホリガニをさがしたりするのは、九月になる少し前だった。北のツンドラからやってきたミユビシギたちの旅は、しばしば餌あさりで中断された。ハドソン湾やジェームズ湾の広い干潟や、ニューイングランド以南の大洋に面した浜辺には数多くの餌場があったからだ。秋の移動のときには、鳥たちは先を急がない。春に、鳥たちを北に駆りたてた種族本能はもう落ち着いていた。風と太陽が命じるままに、鳥たちは南へと飛んでいった。鳥の群れは、北からやってきた鳥たちが合流して、ますます大きくなることもあり、またときには、渡り鳥がすみつくことができる冬の家を見つけていつのまにか脱落して、その数が減ることもあった。しかし、南へ向かう大きなうねりの縁を飛んでいるシギやチドリのような海辺の鳥たちだけは、南アメリカのいちばん南端へ行こうとして前へ前へと進んでいた。

南へ帰る海辺の鳥たちの声が、泡立つ波打ち際にふたたび戻ってきて、塩水が入る湿地にまたチュウシャクシギたちの口笛のような声が聞こえると、夏の終わりを告げるほかの兆しも見えてくる。九月にはウナギは海に向かって川を下りはじめる。ウナギは丘や草原のある上流や川の源流であるイトスギの茂る沼地から下ってくるのだ。そして潮がさしてくる広い河口で将来連れあいとなる相手と出会う。やがて、銀色のウェディングドレスを身にまとって、引き潮にのって沖へと流されていく。彼らは海のただ中の黒い深淵までやってきたことに気づくと、卵を産み、そして死ぬのだ。

九月になると春の産卵期に川や、さらに枝分かれした小川に産みつけられた卵からかえったばかりの幼いニシンが、川の水といっしょに海へ向かって移動していく。まず最初に彼らは河口に近づくにつれて幅が広くなる川のゆるやかで大きな流れに沿って、ゆっくりと泳いでいく。しかし、やがて、この人間の人さし指ほどの小さな魚は、秋の雨が降り、風がかわり、水が冷たくなってくると、暖かい海へと追いたてられるようにそのスピードを増していくのだった。

九月にはまた、ふ化シーズンのいちばん最後に生まれてきた若いエビが、外海から入江に入って河口にやってくる。この若いエビたちのおとずれは人間が見たこともなく書きしるしたこともない、あるひとつの旅の象徴である。その旅はおとなのエビたちによって数週間も前に行われたのだ。春と夏のあいだに、一年たって成熟したエビたちが、次々に沿岸の水の中からいなくなる。彼らは大陸棚をつたって、海底の谷間の青い坂をおりていく。この旅に出たものは決して戻ってはこない。しかし、彼らの子どもである若いエビたちは、大洋での数週間の生活のあと、また潮の流れによって安全な内海へ運ばれてくるのだ。夏と秋を通して、エビの赤ん坊は海辺や河口に運ばれて、海水と淡水がまざった水が流れている暖かい浅瀬を見つけてすみつくのである。ここでエビたちは豊富な食べ物を一生懸命に食べ、水底にびっしりと生えているアマモを隠れ家にして、腹をすかせた魚の目から逃れているのだ。そして若いエビは急速に成長し、さらに塩からく深い水を求めて、また大洋に戻っていく。たとえ、その年にいちばん遅くふ化した小さなエビが九月の満潮にのって入江の入口にやってきているときでも、大きくなったエビたちは反対に河口地域の外へと移動していくのだった。

九月、野生のカラスムギの円錐形の花が金茶色にかわった。太陽の光のもと、湿地はやわらかな緑や茶色をしたイチゴツナギ（牧草）や、トウシンソウの暖かい紫色、そして、深紅のアツケシソウで輝いていた。ミズキはすでに川の土手に燃える赤い炎のように色づいている。秋の気配は夜の空気のなかに忍び寄って、暖かな湿地に流れこむと霧にかわり、夜明けに草むらに立つアオサギを隠し、また、何千もの草の茎を根気強く踏みしめてつくった湿地をぬう小道を走り抜けるネズミをタカの目から隠し、そして霧はまた、白波のうねる海の上を舞っているアジサシの目から入江にいる銀色の腹をきらめかせる魚の群れを隠してしまった。アジサシは太陽が霧を追い払うまで魚をとることはできないのだ。

夜の冷気は、河口付近の海に広く散らばっている多くの魚に落ち着かない気持ちを呼びおこした。そんな魚のなかに、大きなうろこと低い四つのとげのある背鰭（せびれ）が、広げた帆のように背中についている鋼鉄を思わせる灰色の魚がいた。この魚はマボラだ。マボラは、夏のあいだじゅうは河口の近辺にすみ、アマモとカナダモのあいだを単独でうろついて泳いでいた。そして、底の泥の中の動物や植物のかけらを食べて生きていたのだ。しかし、毎年秋になると、マボラは河口を離れ、遠い海へと旅に出る。こうして、次の世代を生み育てるのだ。秋の最初の冷えこみは、この魚がもっている海のリズムをゆり動かし、移動の本能を呼びさましたのだった。

夏の終わりの水温の低下と潮の満ち引きは、河口付近にいるたくさんの若い魚にとっても、海に帰れという呼びかけの合図だった。彼らのなかには、若いアジやマボラ、トウゴロウイワシ、タップミノーなどがいた。この魚たちは、マボラ池と呼ばれる池にすんでいた。マボラ池は、河口の島の砂丘がくずれてできた平らな砂浜にあった。この若い魚は海で卵からかえったが、この年のはじめに一時的に池に入りこむ道ができていたので、迷いこんできたのである。

秋分のころ、満月が天空を白い風船のようにわたっていた晩、月がまるくなるにつれて力を増した潮の流れは、入江の浜にできていた溝に流れこみはじめた。海から切り離された池に大洋から水が入るのは満潮のときだけだった。いま、打ち寄せる波と、強い引き波は、ゆるい砂を吸い上げ、浜辺の弱いところを見つけた。そこは、以前にも土が切りくずされたところだった。そして、漁船が、陸地の波止場から浅瀬の漁場までやってくる時間よりももっと短い時間で、池まで続く溝が掘られた。というよりは昔の溝が掘り返された、というべきかもしれない。長さは四メートルほどもなかったが、波が浜辺にくずれるときにその余波が流れこむ狭い道となった。水は水車に流れこむ水のように波立ち、さか巻き、シュウシュウいって泡を生み出した。波は次から次へと打ち寄せ、溝と池になだれこんできた。水は、でこぼこして波状になっている底を削りとってはね上がった。やがて、水は池の向こうの湿地にも広がり、草の茎や、アッケシソウの赤くなった茎のあいだへ静かにひそかにしみとおっていった。水は湿地に波から投げ飛ばされた茶色の泡を運んできた。砂まじりの泡は草の茎のあいだをびっしりと埋めていったので、湿地は丈の低い草が茂っている砂浜のように見えた。しかし、実際には草は水の中に立っており、茎の上部の三分の一だけが泡の上から見えているだけだった。

しぶきをあげ、先を争うように泡立ち、渦巻きながら流れこんできた潮は、池に閉じこめられていた大量の小さな魚たちを解放した。いま何千という魚が池や湿地から脱出した。魚たちは、きれいな冷たい水に出会ったので、狂ったように争って泳ぎだした。興奮のあまり、魚たちは満ちてくる潮に巻きこまれ、放り投げられ、何度も何度もひっくり返った。溝のまん中の水路にたどりつくと、魚は、繰り返し繰り返し、空中にはね上がり、生きている銀の輝くかけらとなった。その様子は、きらきらと輝く虫の群れの乱舞を見るようであった。海へと向かう荒々しい流れの水は魚をとらえ、尻尾を上のほうに向けたまま波の上に落ちた。魚たちは、水の力になすすべもなくもがいていた。やがて、魚たちは体の自由をとり戻すと、溝から海へと先を競って泳いでいった。彼らは海に行けばもう一度、くずれる波、きれいな砂の海底、冷たい緑色の水に出会えることを知っていたのだ。

池と湿地はいったいどうやって、こんなにたくさんの魚をかかえていられたのだろうか。湿地の草のあいだをきらめきながら、そして、ピチピチとはねながらあとからあとから魚たちは池からやってきた。このあわただしい魚の群れの大脱出は、とぎれることなく一時間以上も続いた。おそらく魚たちの大半は、月が空に銀を一筆はいたようなこの前の大潮で池にやってきたのだろう。いま、ふたたび月は太り、満月となって大潮が来た。そして、荒々しく、すばやく魚たちを海へ呼び戻したのだ。

魚たちは白い波頭がくだける波打ち際を越えて海に出た。もう少しおだやかな二番目の緑色の波のうねりもほとんどの魚は通りすぎることができたが、そこは浅瀬になっていて外海からやってきた波がつまずいてくずれ、白く泡立っていた。しかし、アジサシが波の上をすれすれに飛びながら魚をあさっていたので、何千という小さな移住者は海の入口よりそれほど遠くへは行けなかった。

やがて、マボラの背中のような灰色の空に、波しぶきのような形の雲が散らばる日々がやってきた。夏のあいだ、ずっと南西から吹いていた風は北に向きをかえはじめた。このような朝には、大きなマボラが河口や入江の浅瀬でとびはねるのが見られる。浜辺には漁師の船が引き上げられた。船の中には網が灰色の山となって積まれている。男たちは浜辺に立って、目を水面にこらし、辛抱強く待っていた。天候がかわったのでマボラが河口のいたるところで群れになって集まりはじめていることを漁師たちは知っているのだ。やがて、マボラの群れは入江から風にのって泳ぎだし、漁師たちが親から子へ言い伝えたように「右目を浜辺に向けながら」海岸線に沿って通りすぎていくのを知っているのである。ほかのマボラも北の海からやってくるし、さらにほかにも外の水路を通って鎖のように連なっている島々の横を通ってやってくる。何世代ものあいだたしかめられてきた知恵を信じながら、漁師たちは待っていた。そして、船もまた、からの網をのせて待っていた。

男たちのほかにもマボラが動きだすのを待つものたちがいた。そのなかには、ミサゴのパンディオンがいた。マボラ漁の男たちは、小さな黒い雲が大きく円を描いて飛ぶようなこの鳥が空に舞っているのを毎日見かけていた。海峡の浜辺や砂丘のかげで見張りに立っている時間つぶしに、漁師たちはこのミサゴがいつ水に飛びこむか賭けをしていた。

パンディオンの巣は五キロほど離れた河岸のタエダマツの木立の中にあった。この夏、パンディオンとその連れあいは、三羽のひなをかえして、育てていた。ひなは、はじめは古びた木の切り株のような色の綿毛をまとっていた。しかし、いまでは風切羽も生え、自分の食べ物は自分でとるようになって巣立ちをしてしまった。だが、一生涯連れ添うパンディオンとその連れあいは、毎年使っているこの巣にすみつづけているのだ。

この巣の底は直径が二メートル近くあって、上のほうはその三分の二ほどの広さになっている。この大きさではおそらく農家の荷車からもはみ出してしまうだろう。二羽のミサゴは巣を修繕し、毎年、潮が浜辺に打ち上げたものはなんでも拾ってきて巣に足していた。いまでは十二メートルの高さの木の上の部分は、巣を支えることでほとんど精いっぱいだった。巣に使われている棒きれや芝の重みで、下のほうの枝の多くは枯れてしまっていた。長い年月にわたって、ミサゴたちは、浜辺で拾ったいろいろなもの——海岸から引き上げてきたロープのついた八メートルもの引き網、たぶん魚釣りの用具からもってきた一ダースものコルクの浮き、たくさんのトリガイとカキの貝殻、ワシの骨の一部、羊皮紙のようなホラガイの卵の殻、折れたオール、漁師の長靴の片方、からまって一枚の布のようになった海藻など——を巣に編みこみ、ひとつの作品をつくりあげていた。

巣の下のほうの大きな朽ちはじめたかたまりを、たくさんの小さな鳥が巣づくりの場所として選んでいた。この夏は三家族のスズメ、四家族のホシムクドリ、そして一家族のカロライナミソサザイがいた。春には一羽のフクロウがミサゴの巣の一角を占領し、そしてあるときにはササゴイもすんでいた。しかしすべての間借り人に対して、パンディンは寛容だった。

灰色の冷えこんだ日が始まって三日目、やっと太陽が雲のあいだから顔を出した。漁師たちの見守るなかを、パンディオンは羽を動かさず、水面から空に向かってかすかに光りながら暖かい上昇気流にのって滑空していた。パンディオンのはるか下のほうでは、水は緑色の絹のように、風にゆれてさざ波をたてていた。海峡の浅瀬で休んでいるアジサシやハサミアジサシたちは、コマツグミの大きさにしか見えなかった。黒い背中をきらきらと光らせてイルカの群れが、水に飛びこんだり回転したりしながら、まるで真っ黒な蛇のように入江の水面の上を泳ぎまわっている。琥珀色のパンディオンの目は鞭を振るようにすばやくあちらこちらを見わたし、水中から三度もはね上がり、水しぶきをたてているものに注がれた。しぶきは、風に飛ばされ、すぐ見えなくなった。

ミサゴの眼下の緑色のスクリーンに影がひとつ映っていた。一匹の魚が鼻を突き出したので、フィルムのような水の表面にくぼみができた。ミサゴの六十メートルも下の入江では、跳躍の名人であるマボラのムーギルが力をみなぎらせ、元気に空中に飛び上がった。ムーギルが三回目のジャンプをしようとして、しなやかに筋肉をたわめているとき、空から暗い影が近づいてきて、万力のような爪でムーギルの体をつかんだ。ムーギルは五百グラム以上の重さがあるのだが、パンディオンはするどい爪のある足でらくらくとマボラを運ぶことができた。そして、入江を横切って、五キロ離れた巣まで運んでいった。

ミサゴはマボラの頭をつかんだまま、河をさかのぼっていった。巣が近づくにつれ、左足の力を弱め、飛び方を調整しながら、魚を右足でつかんで巣の外側の枝に舞い降りた。パンディオンはその魚を一時間以上かけてたいらげた。雌が近くにやってきたときには、パンディオンはマボラの上に身を低くしておおいかぶさり、彼女を威嚇した。子育てが終わったいま、どの鳥も自分の食い扶持は自分でとってこなければならないのだ。

この日、パンディオンは魚をとるためにまた川下に戻った。パンディオンは水面に急降下し、十回ほど羽ばたくあいだ、足を川の水につけたまま飛んだ。こうやって、足についているぬるぬるを洗ってきれいにするのだ。

入江に戻ってきたパンディオンの姿を、川の西岸の松に止まって河口の湿地に目を光らせている大きな茶色い鳥の鋭い目が見つめていた。このハクトウワシのホワイトチップは海賊のような生活をしていた。つまり、この近辺のミサゴたちから魚を盗めるときは、自分では絶対に魚をとらないのである。パンディオンが入江の上にさしかかると、ホワイトチップはそのあとを追い、空高く舞い上がり、パンディオンを上空から見おろす位置についた。

一時間ほどのあいだ、二つの黒い姿は空に円を描いて飛んでいるだけだった。突然、ミサゴが体をスズメぐらいの大きさにちぢめてまっすぐに水面に落ちていくのをホワイトチップは高いところから認めた。そして、ミサゴの姿が見えなくなったと思うと、水面に白い水しぶきが上がるのが見えた。三十秒後、パンディオンは水面に現れた。ぬれて重くなった翼をせわしく羽ばたかせながら十五メートルも垂直に飛び上がり、それから、水平飛行に移って河口のほうへ飛んでいった。

パンディオンを見張っていたホワイトチップは、彼が魚をつかまえたことを知っていた。そして、松林の巣まで獲物を運んでいくことも知っていた。パンディオンの耳には突如、するどい叫び声が空から降ってくるのが聞こえた。ホワイトチップが獲物を追って旋回してきた。ホワイトチップはパンディオンよりも三百メートルも高いところを飛んでいたのだった。

パンディオンは迷惑そうに警戒音を発した。そして、この意地悪ものが攻撃を加えてくる前に松林の隠れ家に逃げこもうと、翼の羽ばたきを倍加した。しかし、パンディオンのスピードは、強い爪でしっかりとつかんでいるナマズの重さと、そのナマズがけいれんするように暴れるために、だんだん遅くなっていった。

島から陸地へ、さらに河口から二、三分飛んでいるあいだに、ホワイトチップはパンディオンの真上の位置につくことができた。翼を半分閉じて、ホワイトチップは猛烈なスピードでパンディオンを上から襲ってきた。風は羽のあいだでひゅうひゅうと鳴った。ホワイトチップは旋回して海に背を向け、攻撃するために爪を構えた。パンディオンはさっと身をひねってかわし、八本の湾曲した三日月刀から逃れた。ホワイトチップが体勢を立てなおす前に、パンディオンは高く空に舞い上がった。ホワイトチップは猛烈なスピードでパンディオンを追い、さらに高いところまで上がった。そして、ホワイトチップがまた急降下を始めるやいなや、パンディオンはまた高く舞い上がって、敵よりもさらに上にいった。

この間、水から出されて、弱ってきたナマズは暴れるのをやめ、ぐったりとしてきた。すきとおったガラスのようだったその目の表面にはもやのようなものがかかり、くもりが出てきた。やがて、生きているときは、緑や金色の玉虫色をしていた美しいナマズの体は、色あせて、どんよりした色になってしまった。

かわるがわる昇ったり降りたりを繰り返していたホワイトチップとパンディオンは、かなり高いところを飛んでいた。さえぎるものもない広い空間まで来ると、もはや入江も、浅瀬も白い砂浜ももうなにも見えないほどだった。

チィーッ！　チィーッ！　キィーッ！　キィーッ！　とパンディオンは逆上してさけんだ。

一ダースほどの白い羽根がパンディオンの胸から飛び散った。ホワイトチップの最後の急襲からほとんど身をかわすことができなかったのだ。パンディオンは東のほうへばたばたと羽ばたいた。突然、パンディオンは両翼をするどくたたんで、水面に向かって石が落ちるように落ちはじめた。風が耳もとでゴウゴウいった。目はよく見えない。羽根はむしり取られている。入江がどんどん眼前に迫ってくる。これはパンディオンが自分よりも強く、もっとしぶとい敵をあざむくための最後の手段だった。しかし、高いところから、冷酷な黒い姿がパンディオンよりもさらに早く落ちてきて、追いつき、入江の漁船が水上に浮くカモメに近づくように迫り、旋回して、握りしめていたナマズを奪い取っていった。

ホワイトチップは肉を剥ぎ取るために、自分の松の木へナマズを運んで帰った。ホワイトチップが止まり木へたどりついたころ、パンディオンは入江の上を新しい餌場を求めて重い羽ばたきで飛んでいたのだった。

第五章　海へ吹く風

翌日の朝、北風は波がしらを引きちぎって吹きつけ、波しぶきは入江の砂州の上を越えて重たい水煙の幕を引いたようになった。マボラは風向きがかわったことに興奮して、水路の中ではねていた。河口付近の浅瀬でも、たくさんの入江の浅い海でも、魚たちは外の空気から水に伝えられた冷気を感じとっていた。マボラは太陽の温もりを蓄えている水域を求めて深く潜りはじめた。いりくんだ海のいたるところから、マボラは大群となって河口の水路に集まってきた。水路は外海に連なる狭い入江の口に通じており、そこを越えれば広い大海原だった。

風は北から吹いてきた。風は川を下って吹きつけたが、マボラはその前に河口へと移動していった。風は瀬戸を外海に向かって吹いたのだが、魚たちは風より前に海に出たのだ。

引き潮はマボラたちを深い緑色の水がうねる沖へと運んでいった。また、水路の白い砂の底では、一日に二回、海と陸に向けて満ち引きする潮の強い流れによって、生きているものはすべて洗い出されてしまった。マボラが移動している水面は、太陽の金色の光を受けて何千もの宝石が輝くように光を放っていた。マボラたちは次から次へと頭上できらきら輝いている天井をめがけて上がってきた。彼らは体をリズミカルにくねらせて力をため、海面にはね上がった。

潮にのってマボラは長く狭い浅瀬の水路を通り抜けた。そこには大きな石で水路に沿った壁が築いてあって、砂が流れ出すのを防いでいた。緑の肉厚な葉をもつ海藻が、フジツボやカキにおおわれて真っ白になった石にしっかりと根を下ろしていた。この防波堤の石の影で、海へ向かうマボラたちを一対の意地の悪い小さな目がじっと見つめていた。それは岩のすきまにすむ七キロもあるアナゴの目だった。この太い体をもつアナゴは、防波堤の暗い壁沿いにやってくる魚の群れを餌食にしていた。彼は暗いほら穴から突然身をおどらせて、そのするどいあごで魚をしっかりととらえるのだ。

マボラが泳いでいる水域の三メートルほど上には、トウゴロウイワシの群れが隊を組み、その一匹一匹が太陽の光をきらきら反射してゆれていた。ときどきそのなかの数十匹が海面にはねた。彼らは水面を突き破って魚の世界の外に飛び出しては、雨粒のように、空気と水の境目の水面というじょうぶな皮を少しへこましてから水中に飛びこんでくる。

　カモメたちが小さな群れで休んでいるいくつかの砂州の向こうに、潮の流れはマボラを連れていった。古い貝におおわれた岩の上では、二羽のカモメがぬれた砂に半分埋もれた二枚貝をいそがしげにさがしていた。その岩は、貝殻のあいだに砂や沈泥が積もり、引き潮が運んできた湿地の植物の種が育って根を張り、土が流れ出すのを防いでおり、島へ変わっていく途上にあった。二羽のカモメは淡い茶褐色と薄紫色の縞の入った重くてガラスでできたような貝を見つけて掘り出した。長い時間をかけた末に、カモメたちはようやく強いくちばしで貝殻を割り、中のやわらかい貝の身を食べることができた。

　マボラたちは潮の圧力で海側に傾いた入江の入口の大きなブイのあいだを通り抜けた。鉄の大きなブイは水面を上がったり下がったりしていたが、それはまるで移りかわる海のリズムに合わせて、ピッチやテンポをかえて鉄ののどで音楽を奏でているようだった。ブイはそれ自体が、海の水面に浮かぶひとつの宇宙といってよかった。引き潮と満ち潮は、まるでブイがつくりだしているようだった。ブイがかわるがわるに波を持ち上げたり、みずから波間に沈みこんだりして潮の干満を引き起こすかのように。

このブイは春から一度も掃除をされたり、ペンキの塗り替えをされていないので、表面はフジツボやイガイ、ふくろのようなホヤやコケムシで厚くおおわれていた。砂や細かい泥、緑色の糸のような海藻は、貝と貝のすきまや分厚く根を張っているかのようにはりついている生き物のマットの中に堆積していった。この分厚くて、成長しつづけるマットの中や表面を、鎧のような殻をもった細身の、端脚類と呼ばれる生き物が食べ物をさがして果てしなくうごめいていた。また、ヒトデは、カキやイガイを見つけるとおおいかぶさって、腕についた強靱な吸盤ではりつき、貝を無理やりにこじあけて餌食にしていた。貝と貝のあいだではイソギンチャクが小さな花弁を開いたり閉じたりしながら、水中の食べ物をとらえようと触手を広げている。このブイにすみついた二十種類以上の生き物のほとんどは、河口近辺の水域でふ化した幼生たちがあふれていた数ヵ月前にやってきたものだ。ガラスのように透明でガラスよりももっと壊れやすいこうした無数の幼生たちは、付着できるたしかな足場を見つけないかぎり、みんな死んでしまう運命にあった。たまたま入江に浮かぶブイの大きな胴体にたどりついた生き物たちは、それぞれ、自分の体から出す接着液や足糸や吸瘤器官でしがみつく。そして、残りの一生を波間に浮かぶ、ゆらゆらとした世界の住人として過ごすのだ。

入江に入ると水路は広がり、水の色は薄緑から波が運んだ砂まじりの濁った色へとかわっていく。マボラは進みつづけた。波の音は高まっていった。彼らの横腹にある繊細な感覚器は、海の振動の重たいどーんと響くゆれを感知していた。海の鼓動の変化は入江の入口にある長い砂州がもたらすものだった。波が砂州を乗り越えようとするたびに水は白く泡立った。ついに水路を通り抜けたマボラは海のよりゆったりとしたリズムを感じていた。深い大西洋からやってくる波はにわかに高くふくれ、また沈んでいった。マボラたちは最初の波の向こうにある大洋の、より大きなうねりの中ではねた。次から次へと水面に向けて上がってきては空中に飛び出し、白い水しぶきをあげて群れの中に戻っていった。

小高い砂丘の上に見張りに立っていた男は、最初のマボラたちが入江の外に出ていくのを黙って見つめていた。男の熟練した目は、マボラが飛びはねたときに上げる水しぶきの様子から、群れの大きさと通過のスピードを見定めていた。はるか遠くの浜辺では三隻の小舟と漁師が待機していたが、見張りの男は通りすぎるマボラについてまだなにも信号は送らなかった。潮はまだ引いているので、海に向かって引いていく波にさからって網を引くことはできないからだ。

砂丘は風が強く、砂や波しぶきが吹きつけ、太陽が照りつける場所だ。いま、風は北から吹いてくる。砂丘のくぼ地では浜辺の植物が風に吹かれて体を倒し、その葉先は砂の上に際限なく円を描いていた。風は沿岸の砂州からさらさらした砂を白いもやのように海へ向けてまき上げ、遠くから見ると、岸には地面から薄い霧がたっているように見えた。

土手の上の漁師たちには砂のもやは見えない。しかし、彼らは目と顔に刺すような砂を受け、髪の毛や服の中に容赦なく砂が潜りこんでくるのを感じていた。彼らはハンカチーフを取り出して顔をおおい、長いまびさしのついた帽子を深々とかぶった。北から吹く風は顔に当たる砂と漁船をもてあそぶ荒い波をもたらすが、それはまた、マボラをもたらしてくれるのだ。

太陽は浜に立つ男たちを打ちのめすように照りつける。数人の女性と子どもたちが男たちの引くロープを手伝うためにそこにいた。子どもたちは裸足で、波形がついた砂浜にとり残された潮だまりにはいってはしゃいでいた。

潮がかわるとすぐに一隻の漁船が、やってくる魚を待ちかまえるために白い波がしら目がけて押し出された。この波の中に船をこぎだすことはやさしいことではない。漁船の男たちはまるで、機械の部品のようにその場ではね上がっている。船はまっすぐ向き直ったまま、緑の大波の中でもまれている。船べりでは男たちはオールを握りしめ待っていた。船長は舳先に立ち、腕組みをし、足の筋肉を船のゆれに合わせて柔軟にふんばり、目は入江の方向の水面に釘づけにされている。

この緑の水の下のどこかに何百、何千という魚がいるのだ。いずれ魚たちは網のところにやってくるだろう。北風が吹き、マボラはその風より前に入江を抜け、岸に沿って出ていくのだ。マボラが何千年にもわたって繰り返してきたように。

五、六羽のカモメが水面を猫のような声で鳴きながら舞っている。それはいよいよマボラがやってきたという合図だ。カモメはマボラをとろうとしているのではない。マボラが浅瀬から追い立ててきた小魚をねらっているのだ。マボラはついに白波のすぐ外にまでやってきて、人が浜辺を歩くのと同じぐらいの速度で移動していく。見張りは群れを発見した。彼は魚とは反対側に、船のほうに歩み寄って、手の動きで魚の方向を漁船の漁師に伝えた。

男たちは足をふんばり、力をこめてオールをこぎ大きな半円を描いて船を浜辺のほうに向けた。じょうぶによられた網が静かに確実にともから海に投げ入れられ、コルクの浮きが船の航跡を示して水上に浮く。網とつながったロープの一端は浜にいる五、六人の男たちに握られている。

漁船のまわりはマボラでいっぱいだ。魚たちは背びれで水を切り、はねてはまた水に落ちていた。男たちはいっそう力をこめてマボラの群れが逃げだす前に網を閉じてしまおうと、浜に向けてオールをこいだ。漁船が最後の波を越え、腰ほどの深さのところまでやってくると男たちは水の中に飛びこんだ。船は待ちかまえていた人びとの手に押さえられて浜に引き上げられた。

マボラの泳ぐ浅瀬の水は、波がかきたてた砂で濁った薄い半透明の緑色になった。マボラたちは、ふたたび戻ってきた苦い海水の味に興奮していた。彼らは強い本能の衝動に導かれて、集団となって沿岸の浅い海からはるか遠くへの旅路の最初の一歩であるやや濁った青い波に身を躍らせた。

緑色の太陽の光に満ちた彼らの行く手にひとつの影がぼんやりと現れた。かすかなグレーのカーテンと見えたその影は、やがて細い糸で編まれた網に姿をかえた。最初に網にぶつかったマボラは、その場で行く手をはばまれた。ほかのマボラたちがうしろから押し寄せてきて網に鼻先を突っこむ。最初のパニックがおさまると、魚たちは次々と逃げ場を求めて海岸のほうへと向きをかえた。浜の漁師たちは海中に広がっている網の壁をせばめて魚たちが泳ぐことができなくなるように、ロープをたぐり寄せていた。魚たちはこんどは海のほうへ移動しようとしたが網の輪はどんどん狭くなる。

砂浜の男たちとひざまで水につけた男たちは、滑りやすい砂にしっかり足をふんばり、水の重さと魚たちの力に対抗して網を引いた。

網が閉ざされ少しずつ浜に引き上げられるにつれて、地引き網の中の魚の圧力はより大きくなった。必死の努力で逃げ道を求めるマボラたちは何千キロという力をすべて海側に弓なりになっている網に集めた。彼らの体重と外へ向けて推す力はついに網の底を持ち上げ、マボラたちは腹を水底の砂にこすりつけながら網の下をすり抜け、深い海へ逃げだした。網のどんな変化にも敏感な漁師は、網が持ち上がって、魚たちが逃げだしたことに気がついた。彼らは筋肉が張り裂け、背骨がきしむほど網を強く引いた。五、六人の男たちはあごまでの深さの海中に飛びこみ、波と格闘しながら、ロープを踏んで網を底につけようとした。しかし、コルクの浮きをつけた網の縁は、まだ漁船五、六隻分ほど向こうにあった。

突然、マボラの群れは海上に押し寄せはじめた。水しぶきをあげる大騒ぎのなかで、百匹ものマボラがコルクのラインを飛び越えていった。彼らは魚の雨に背を向ける漁師たちに、激しい水しぶきを浴びせかけた。男たちは飛び上がった魚を網の中に戻そうと、絶望的な努力で網を高く持ち上げた。

浜にはたるんだ網の山が二つでき、網目からは人間の拳ほどのたくさんのマボラの頭が突き出していた。網につながっているロープはどんどんたぐり寄せられ、網は魚でふくらんだ巨大な細長いバッグのような形になっていた。そのバッグがついに浅い波打ち際に引き上げられると、あたりは何千というマボラが最後の力をふりしぼってぬれた砂をたたく拍手のようなパチパチという音でいっぱいになった。

漁師たちはすばやくマボラを網からはずし、待機している船の中に放りこんだ。そしてたくみに網を一振りすると網にえらをひっかけていた小さな魚たちが浜に放り出された。そのなかには若いウミマスやアジ、去年かえった若いマボラ、若いサワラ、タイ、スズキなどがいた。

若い魚は売るにしても、食べるにしても小さすぎて、すぐに水際の砂浜の上に捨てられてしまうが、魚たちはふるさとである海の目と鼻の先で、だんだん元気をなくしていった。なかには波に救われ海に戻るものもいるが、潮の届かない流木や海藻、貝殻や野生のカラスムギの切株などの浜辺の漂着物の中にまぎれこんでしまうものもいる。このようにして、海は波打ち際のハンターたちにもたえずおこぼれを授けるのだ。

漁師たちが満潮近くまでさらに二度ほどの漁を行い、収穫を積んだ船で浜をあとにすると、外の砂州から灰色の海を背景に白いカモメたちがやってきて、魚の宴に酔いしれた。カモメたちが魚をめぐってけんかをしているすきに、つややかな黒い羽をした二羽の小さな鳥が、彼らのあいだをおっかなびっくり歩いていって、魚を少し高いところへひきずり上げ、そこでむさぼり食っていた。彼らは波打ち際で死んだカニやエビなど海のくずをあさって生きているウオガラスだった。やがて陽が沈むとスナホリガニが列をなして穴からはい出し、浜辺のゴミに群がって魚たちの跡をすっかり消し去ってしまうだろう。すでにハマトビムシが集まってきて、魚の体を自分自身の生命に還元すべく、いそがしげにたち働いている。海が失うものはなにもない。あるものは死に、あるものは生き、生命の貴重な構成要素を無限の鎖のように次から次へとゆだねていくのである。

夜が更けるにつれて、この漁村の灯はひとつ、またひとつ消え、漁師たちは北風の寒さにストーブのまわりに集まっていった。マボラたちは一晩じゅう、漁師たちに行く手をはばまれることなく入江を抜け、海岸に沿って西へ南へと駆け抜けていく。黒々とした海には、巨大な魚の航跡のように見える波頭が、月の光を受けて銀色に輝いていた。

二部

カモメの道
——カモメが俯瞰する海のなか

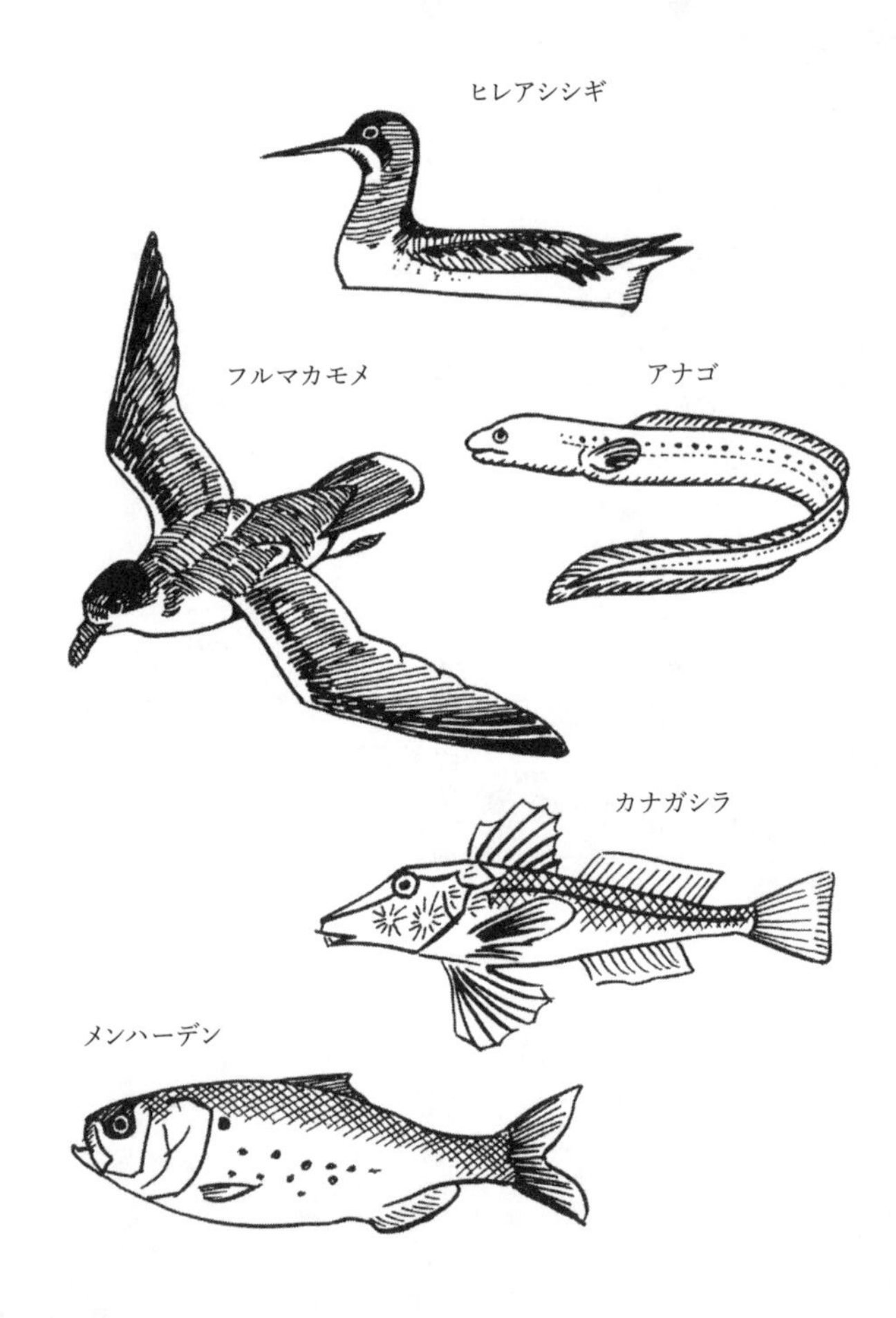
ヒレアシシギ
フルマカモメ
アナゴ
カナガシラ
メンハーデン

第六章　春の回遊

東海岸のチェサピーク岬からコッド岬が肘のように曲がったところまでのあいだは、波打ち際から八十〜百六十キロも行ったところで大陸棚がとぎれてほんとうの外海になる。大陸棚の縁は岸からの距離ではなく外海へ移りかわるしるし、つまりおだやかに傾斜している海底が、突然、絶壁やけわしい断崖になって落ちこむと、水深百八十メートルもの海の重さを感じて、ほの暗い海の色が黒くなっていることでわかる。

ぼんやりとした青い大陸棚の縁では、冬のもっとも寒い四カ月のあいだ、たくさんのサバがじっと冬眠状態になっていた。海面近くで元気よく活動する残りの八ヵ月間に備えて休息しているのだ。サバたちは深海への入口のあたりで、夏のあいだに豊富な餌を食べてたっぷりと溜めておいた脂肪で冬を過ごし、冬ごもりが終わるころには彼らの体は卵で重くなってくる。

四月になると、バージニア岬沖の大陸棚の縁でサバは眠りから目をさました。おそらくサバが休んでいるところに流れこんでくる水の流れが、大洋の季節の移りかわり——太古からかわらぬ海の周期——をかすかな魚の知覚にうったえるのだろう。いま、冬のあいだ何週間も冷たく陰鬱だった海面の水——冬の水——は下に潜っていき、暖かい海底の水と入れかわろうとしていた。暖かい海水は海底の豊富な燐酸塩や硝酸塩を海面に運び上げる。春のうららかな日ざしと栄養豊かな海水は、休眠中の植物性プランクトンをいっせいに目ざめさせ、爆発的な成長と増殖活動をうながした。春は陸地にも淡い緑の芽やふくらんだつぼみをたずさえておとずれ、海には顕微鏡でなければ見えないほど小さい単細胞植物のケイ藻をいっきに繁殖させた。おそらく水の流れはサバに、水面ではこれらの植物が豊かに育ち、ケイ藻の草原はそれを食べる甲殻類が群がる広い牧草地のようだということを教えてくれたのだろう。そして水面は妖精ゴブリン（小鬼）のような大きな頭をしたサバの稚魚の群れでしだいにあふれていくのだ。さまざまな種類の魚が、海面の豊かな生物を餌として食べ、彼らの子どもを産むために春の海へと回遊していく。

また、サバがいるところまで動いてきた水の流れは、海の中に淡水が流れこんできていることを知らせてくれる。氷や雪がいっせいにとけて川にあふれ、ほとばしるように流れて海に注ぎこみ、海水の強い塩分がわずかに低くなると、濃度が減った海水はおなかに卵をもった魚たちを引きつけるのである。うつらうつらと冬越しをしていた魚たちに春がおとずれると、サバはいちはやく反応する。サバの大群は列をなしてほの暗い海中を移動しはじめ、何千、何万というサバが浅い海をめざして出発していく。

サバが冬越しをする場所からおよそ百六十キロほど向こうでは、海のうねりがはるか大西洋の深く暗い海底からもり上がり、大陸棚の泥のスロープに沿ってわき上がってくる。まったくの暗黒と静寂のなかから生まれた波のうねりは黒から紫色へ、紫色から濃い藍色へ、さらに濃い藍色が空色へと色が薄れるまで、二千メートル以上も深いところからわき上がってくるのである。

水深百八十メートルあたりのところで、波のうねりはするどい大陸棚の縁を越える。そこは大陸の土台が形づくる大きなボウルの縁になっていて、そこから大陸棚のゆるやかな勾配が始まる。ゆるやかに傾斜している大陸棚に入ると初めて、肥沃な海底の平原に放牧されているような魚の群れが泳ぎまわっている。海の深淵では小さくてやせた魚が単独で、あるいは小さな群れで乏しい餌をさがしまわっているだけだった。しかしここは、豊かな魚の牧場であって、そこには植物のようなヒドロやコケムシのような小動物、砂に潜ってじっとしている二枚貝やトリガイ類、また猟犬に追われるウサギのように魚の目の前に飛び出してきては急いで逃げまわるエビやカニなどがたくさんすんでいた。

小さなエンジンつきの漁船が何隻も、浮きからつるした何キロにもおよぶ刺網を仕掛けたり、海底の砂の上を引くトロール網の邪魔をしたりしている。数羽のカモメは白い翼で空にくっきりとその姿を描き出して風を切って上空を飛んでいた。ミツユビカモメ以外のカモメたちは、外海に出ることを恐れていつも渚の近くにいるのだ。

外海で生まれたうねりは大陸棚に入ってくると、海岸と並行に走る浅い海に出会う。波打ち際まで八十〜百六十キロのあいだ、海はこうした砂州のような浅い海、ときには鎖のようにつながっている浅瀬をいくつも越えなくてはならない。浅瀬を取り囲む谷から丘の斜面を上り、貝殻でおおわれた幅一キロあるいはもっと広い大地までやってくると、海辺に向いた側はさらに別の谷間の深い暗がりに落ち込んでいく。この水中の台地には魚の餌になる無脊椎動物が谷よりもずっと豊かに千種類あまりも生活し、そしてより大きな魚の群れが彼らを食べて生きている。多くの場合、浅瀬の上の水はとくに豊かで、いろいろの種類の小さな植物や動物の群れが、空に浮かぶ雲のように餌を求めて波間にただよっている。これこそ海の放浪者、プランクトンである。

サバが冬ごもりの場所をあとにして浅い海に向かうときには、海底の起伏に沿っては行かない。そのかわり、一刻も早く日光のさしこむ海域にたどりつこうとするかのように、いっきに海面までの百八十メートルを急上昇する。深い海の中で陰鬱な四ヵ月を過ごしたあとのサバは、水面の明るい海で興奮してわき立つように動きまわる。彼らは水面に鼻づらを突き出し、アーチのような淡い空の下に広がる灰色の海をもう一度見ようとする。

サバがやってくる水面には、陽が昇る大海原と、陽が沈む西の海を区別するような目印は何もない。しかし何のためらいもなく、サバの群れは大洋の塩からく深い紺青の海から、川や湾に流れこんできた淡水によって淡い緑色にかわっている沿岸の海域に向かって移動していく。サバがさがしているところは、南西から北東にかけて、つまりチェサピーク岬からナンタケットの南方までにわたる広い海域なのだ。遠い昔から、大西洋のサバの産卵場は、岸からほんの三十キロのところにもあれば、八十キロも離れているところにもあるのだった。

四月の後半を通してずっと、サバはバージニア岬沖の深海から浮上してきて岸へと急いだ。春の回遊が始まると、海の中は興奮のるつぼと化す。小さい群れもあれば、ときには幅が二キロ、長さが十キロにおよぶ群れもある。海鳥たちは日中、緑色の海と陸地のあいだを、黒い雲のようにただよいながら魚の群れを見張っていた。彼らは夜になるととけた鉛のような海面に次々と浮かんで羽を休めた。鳥たちの行動は、無数の燐光を発する動物性プランクトンの群れをかき乱すことになった。

サバは声も出さなければ音もたてない。しかし、サバの群れが通ると海の中には大きな振動が引き起こされる。イカナゴやカタクチイワシの群れは、遠くのほうからサバの群れが近づいてくる振動を感じ、不安にかられてはるか離れた緑の海へと急いで逃げだしていく。また、サバの通過がもたらす騒ぎは浅瀬の底の生き物たち——珊瑚礁の中を足場をさがしながら歩いているエビやカニ、岩の上をはいまわっているヒトデ、ひょうきんなヤドカリ、淡い花のようなイソギンチャク——も感づくようだ。

サバは何層にも重なって岸に向かって懸命に泳いでいく。数週間にわたって魚が外海から続々とやってくると、大陸棚の上の浅い海はかつてリョコウバトの飛行で地上が一瞬ほの暗くなったように黒っぽくなった。

やがて岸に向かって進んできたサバは、浜辺に近い海域にたどりつき、そこで卵や白子をかかえた体をひと休みさせる。最終的にはごく小さく透明な球形の卵の雲、それは天空にかかる銀河に対応する海の銀河とでもいうように、広くとらえどころのない形の生命の川として産みおとされるのだ。その数は二キロ平方当たり数億個、漁船が一時間航海する範囲にして数十億個、産卵場所全体では数百兆個もの卵が放出される。

産卵が終わると、サバは餌の豊富なニューイングランド沖に向きをかえ、なじみの海域に着くまで、ただひたすら一心不乱に泳いでいく。そこにはカラヌスという小さな甲殻類が海中に赤い雲のようにただよっているのだ。海は、ほかのさまざまな種類の魚の稚魚、カキ、カニ、ヒトデ、ゴカイ、クラゲ、フジツボなどの幼生を育てたように、サバの稚魚のことも世話をしてくれるだろう。

第七章　サバの誕生

かくして、サバの子どものスコムバーは、ロングアイランドの西の先端から南東百キロも外洋の水面で産みおとされた。ケシ粒よりも小さい球形の卵は、淡い緑色の水の表面にただよっていた。その球形の中には水に浮かんでいるための必要な琥珀色の小さな油滴をふくみ、そしてまた、針の先でなければつまみ上げられないような小さな小さな灰色の生命を抱いていた。この小さい粒がやがて、一匹のたくましい若いサバに成長し、その種類に特有な流線型をした海の放浪者になるのである。

スコムバーの両親は、五月、大陸棚のはずれから卵を重たくはらんで、海岸へ向かった最後のサバの大群の一員だった。旅行の四日目の夕方、上げ潮にのって陸地に引き寄せられた彼らは、卵と精子を体から水の中に放出しはじめた。一匹の雌から産みおとされた四〜五万の卵のどこかに、やがてスコムバーになるべき卵がまざっていた。

生命の営みが行われている世界のなかで、空と水が出会う世界ほど不思議なところはない。そこは数多くの風がわりな生物がすみ、風と太陽と潮の流れによって支配されている。この世界は広大な水面を、風がささやいたり大声をあげてわたるときのほか、あるいはカモメが風にのって甲高く、荒々しい叫びを発するときのほか、そしてまた、クジラが海面を破り長い呼吸をして、ふたたび海に沈んでいくときのほかは沈黙におおわれている。

サバの群れは、北東に向かって急いでいたので産卵後も止まらず、そのまま旅を続けた。海鳥は、夜になると暗い水面で休息するので、不思議な形をした小さな動物たちの群れが、深い海底の丘や谷間からひそかに水面に浮かび上がってくるのを見ることがあった。夜の海は、プランクトン、小さいゴカイ、カニの幼生、ガラスのように大きな目玉をもったエビ、若いフジツボ、ムラサキイガイ、脈打つようにふくらんだりちぢんだりする釣鐘状のクラゲ、そして光を避けるすべての海の小生物のものであった。

海は、サバの卵のような壊れやすいものでも漂流させるまったく不可思議な世界であった。海は隣人である植物や動物を犠牲にして——つまり彼らを食べて——生きていかなければならない小さな狩人たちで満ちあふれていた。サバの卵は、それらより少し早く産卵され、ふ化した魚、貝類、甲殻類、ゴカイなどの子どもに押しまくられる。わずか二、三時間ほど早く生まれただけなのに、幼生のあるものは、海の中を泳ぎながらいそがしく餌をさがしまわっていた。あるものは、自分が相手より強ければ、かぎ爪を使ってつかんで飲みこみ、また他のものは、泳ぎの下手なものにかみついたり、あるいはただよっている緑色や黄金色のケイ藻を、繊毛の生えた口の中に吸いこんでいた。

海にはまた、顕微鏡で見なければわからないような幼生たちよりも大きい狩人たちがたくさんいた。サバの両親が立ち去ってから一時間もたたないうちに、クシクラゲの群れが水面に浮かび上がってきた。大きい西洋スグリのようなクシクラゲやその仲間は、すきとおった体の側面にたれ下がる八本の帯——それは繊毛がねじれあってできている——を強く動かして泳いでいた。クラゲの体は大部分が海水からできているのに、彼らは一日に固形の食物を自分の体の大きさの何倍も食べるのだ。いま、彼らはゆっくりと水面に浮かび上がってきた。そこには産みおとされたばかりの何百万というサバの卵が、海面近くにただよっていた。クラゲは冷たい燐光を放ち、体の長軸を中心に、ゆっくりと回転しながら動いていた。夜のあいだじゅう彼らのおそろしい細長い触手は、水の中を動きまわっていた。この触手は弾力性があって、引きのばすと体の二十倍の長さにもなるのだった。クラゲは暗い水の中で冷たい緑色の光を発しながらぐるぐるとまわり、漂流しているサバの卵をやわらかい網のような触手で貪欲にすくい上げると、すばやくそれを収縮させ口に入れた。

スコムバーは産みおとされたその夜のうちに、しばしばクラゲの冷たいなめらかな体と衝突したり、餌をさがし求める触手から間一髪で逃れたりした。浮遊している卵の中の微小な原形質は、すでに八つの部分に分裂していた。こうして分裂した一個の細胞は、その後、急速に発育して、一匹の稚魚に変身するのだ。

やがてサバになるはずの数百万の卵のうち、数千個は、生命の営みの最初の一歩をふみだしたところでクシクラゲにつかまって食べられ、たちまち水のような彼らの体組織にかえられてしまった。そして、食べられたサバの卵はこの化身を通して彼ら自身の仲間を餌食にしながら、海を動きまわることになる。

風のない空の下に、夜の海が静かに横たわっているとき、サバの卵の大量殺害が夜どおし続けられた。明け方近くなって、東から吹いてきたそよ風のために海は波立ちはじめ、一時間もたつと、南西に向かってたえまなく吹く風のもとで大きくうねりだした。おだやかだった海面にさざ波が立つとすぐ、クシクラゲは深い海底に沈んでいった。内側と外側のわずか二層の細胞からできあがっているこれらの単純な生き物も、自己保存の本能をもっており、彼らは荒波が自分のもろい体を打ち壊す危険を感じとったのだ。

サバの卵は、生まれたその夜のうちに十分の一以上のものがクシクラゲに食べられたり、あるいは生まれつきひ弱なために、はじめの二、三回、細胞分裂を繰り返しただけでその命を絶たれてしまった。

強い風が南に向かって吹きだすと、水面のサバの卵のまわりには、しばらくのあいだ敵がいなかったが、やがて新たな危険がおとずれた。海面の水が風によって直接彼らの上に襲いかかってきたのだ。漂流している卵は、波のまにまに南に行ったり西に行ったりして動いていた。すべての海の生き物の卵は、潮流が連れていくどこへでもなすすべもなく運ばれていった。海水の南西への動きはサバの卵を、彼らの日ごろのゆりかごから、餌が少なくて飢えた稚魚のたくさんいる海域へと押し流していった。この不運は、千個のうちやっと二個の割合で、卵が完全に成長するという結果をもたらした。

産卵後、二日たつと金色の卵球の中の細胞は数えきれないほど分裂を繰り返して多細胞化し、楯のような形をした胚児が卵黄の上に形づくられるようになると、ただようプランクトンのあいだをぬって新しい敵の群れがうろつきはじめた。ヤムシは、細長い透明な生き物で、水を切って矢のように突進して、魚の卵やミジンコ、さらには自分の仲間さえもとらえて食べてしまう。獰猛な顔とのこぎりのような歯が生えたあごをもつ彼らは、人間の尺度では五ミリにもみたないが、プランクトンのようにより小さな生き物にとっては、おそろしい竜のような存在であった。

水の上に浮かんでいるサバのたくさんの卵は、ちりぢりになり、ヤムシの激しい攻撃によって打ちのめされてしまった。そして、潮の流れが彼らをほかの海域に運んだときには、すでにおびただしい犠牲者が出ていた。

まわりのほとんどの卵は食べられてしまったが、胚児のスコムバーを抱く無傷の卵は、ふたたび流されていった。生き残った卵の若い細胞は、暖かい五月の太陽の下で、激しい活力にかきたてられて、成長し、分裂し、分化し、細胞層、組織そして器官を形づくっていった。二昼夜たつと、糸のような魚の形が卵の中でつくられ、その体は彼らの食料となる卵黄のまわりに巻きついていた。すでに体の中心線に沿って、かすかな背すじが見られ、そこでは背骨になるはずの軟骨がかたくなりかけていた。体の先端の大きなふくらみは、頭になるところで、その両側に小さく突き出ているところは、やがてスコムバーの目になるところだった。三日目になると、V字形をした一ダースほどの筋肉層が背骨の両側に現れ、まだ透明な頭部の組織をすかして脳の各葉が見られ、耳殻も現れてきた。完成に近づいた目は、卵殻を通して黒く認められ、それは周囲の世界をじっと見つめているようだった。五日目の太陽が昇るのに先だち、東の空がしらみはじめたころ、頭部の下にある薄い袋――内部の液体のために深紅色を呈している――が、ピクピクとふるえ脈打った。そしてスコムバーの体内で生涯続くしっかりした搏動になっていった。

まもなくやってくるふ化を急いでいるかのように、その日は一日じゅう、非常な勢いで成長が進んだ。長くのびた尾の上に、薄い組織の縁が、風にはためく旗の列のようにひらひらと現れてきた。それは、やがて尾びれから続く一連のひれになるはずの突起であった。小さな魚の腹部を通って開いている溝は、その両側を七十個以上の筋肉の層で保護されていたが、下に向かって着々と成長していき、午後になると消化管を形づくるため閉ざされた。脈打つ心臓の上にある口のくぼみは、深くなりつつあったが、まだ消化管にはつながっていなかった。

そのあいだじゅう、海の表面の流れは風に押されて、これらの卵といっしょに無数のプランクトンを南西に向けて運んでいった。サバの卵は産みおとされてから六日間、大洋の略奪者によってたえずおびやかされ、すでにその半数以上が食いつくされるか、あるいは発育の途中で死んでしまっていた。

最大の殺戮(さつりく)が行われるのは広い大空の下に、海がじっと横たわっている暗い夜であった。このような夜、プランクトンは小さな星のようにきらめき、その数、その輝きは空の星座に匹敵するほどだった。それは、深い海の底から、クシクラゲ、ヤムシ、ミジンコ、エビ、半透明なカイダコ、フネダコなどが浮かび上がってきて、暗い水面にキラキラと光を放つからなのだ。

生き物たちをのせた地球はめぐり、東の空がしらみはじめると、これらの動物性プランクトンが、まだ顔を見せない太陽から逃れて、大急ぎで海中に潜っていく奇妙な行列が始まった。この小さな生き物の大部分は、槍のようにすさまじい太陽の光を厚い雲がさえぎってくれないかぎり、昼間は水面に止まることができないのだ。

やがてスコムバーやそのほかのサバの子どもも、明るくなるにつれて、緑色の深い水域へと急ぐ隊列に加わり、地球の自転によって夜がおとずれると、ふたたび浮き上がってくるようになるのだ。だが、いまは卵の中に閉じこめられているサバの子どもは、自分で動く力をもっていないので、卵はそれと同じ比重をもった水とともに、海の中のある一定の層をなしながら水平に運ばれていく。

六日目になると、潮の流れはサバの卵をカニが群がっている広い浅瀬に運んでいった。カニはたまたま産卵期で、雌ガニの体内で冬じゅう過ごした卵は、殻を破り妖精ゴブリンのように見える幼生となって放出されているところだ。またたく間に、カニの幼生は水面に浮かび上がり、そこで脱皮や変態を繰り返して、その種族に特有な形をとっていった。このプランクトンの時期を経過したものだけが、海底の高原における楽しいカニの集団生活に入ることができるのだ。

水面に向かって急ぐ生まれたてのカニは、すでにしなやかな棒のような付属肢でじょうずに泳ぎ、大きな黒い目ですばやくものを見分け、海がくれた餌をするどい口でつかまえていた。つまりカニの幼生はその日はずっと、サバの卵といっしょにいたので、彼らは充分に餌を食べることができたのだった。夕方になると潮の流れと風があらがい、カニの幼生の多くは陸地のほうへ運ばれ、一方、サバの卵はひきつづき南へ南へと流れていった。

海の中には、より南の緯度に近づいた兆しが、いろいろ現れてきた。カニの幼生が出現した前の晩、クシクラゲの発する濃緑色の光で、海面は数キロにわたってきらめいた。その繊毛状のクシは、昼間は虹のようにかすかに光り、夜の海ではエメラルドのようにまたたく。そしていま、青白い南方型のユウレイクラゲが、暖かい海水に浮き沈みをしているのが、初めて認められた。彼らは数百本の触手を水の中にたらして、魚だけでなくその触手に引っかかるものはなんでも巻きこんでいった。同じころ、海は原索動物のサルパの大群で何時間もわきかえっていた。サルパは透明な円筒形で指ぬきのような形をしており、筋肉の繊維が周囲をぐるぐる巻いている。

産卵後六日目の夜、サバの卵のかたい殻は破れはじめた。閉じこめられていた小さな球の中から一匹また一匹と滑り出て、稚魚は初めて海の感触を知った。これらの稚魚は、まことに小さく、二十匹の頭と尾をつなげてみても三センチにもならないだろう。こうしてふ化した魚の一匹がスコムバーだった。

彼は、明らかに未完成の小さな魚であり、ほとんど未成熟のまま卵から出てきたように見えた。だから、自分で身を守る用意はなにもできていなかった。えらの孔は見えるが、気管まで切り開かれていないので、呼吸には役立たなかった。彼の口は出口のないただの袋にすぎなかったが、幸いにふ化したての稚魚への食物供給は、あいかわらず彼の体についている卵黄から行われていた。そして口が開いて、役目を果たすことができるようになるまで、彼はそれで生きていくのだ。しかしながら、この大きな袋があるために、サバの子は水の中で自分の動きを調節することができず、さかさまになって漂流していった。

ふ化して三日たつと、驚くような変化が起きた。発育が進むにつれて口やえらの構造が完成し、背中、腹部から出ているひれは成長し、動作が力強く安定してきた。目には濃い藍色の色素が沈着し、そこに映ったことがらは、さっそく小さな脳に伝達されたようだ。卵黄は確実にしぼんでいき、それが失われるとともにスコムバーは自分の体を立てなおすことに成功し、まだまんまるく太っている体をくねらせたり、ひれを動かしたりすることによって、水の中を泳ぎまわれるようになった。

来る日も来る日も、ひたすら南へ流れる海流のために、たえず流されていることを、サバの稚魚は気がつかなかった。しかし、彼のかよわいひれの力では、とうてい湖の流れにさからうことができなかった。彼は海の命ずるままに漂流し、いまやプランクトンの社会における正式のメンバーとなっていた。

第八章　プランクトンの狩人

春になって海は先を急ぐ魚であふれかえるようだった。バージニア岬の沖で越冬していたタイの仲間のスカップはニューイングランド南部の沿岸の海域へ産卵のために北上していった。小さなニシンの群れは海面のすぐ下をすいすいと、そよ風が吹きわたっているかのようなさざ波を立てて泳ぎ、メンハーデンの群れは太陽の光を受けて青銅色や銀色に輝き、隊を組んで押しあいながら泳いでいた。大海原の群青色のなめらかな水面をくもらせる黒雲のような海鳥たちが獲物をねらって姿を現した。メンハーデンは遅くやってきたシャッドの仲間で、生まれ故郷の川へと導く海の小路をたどっていく。そしてこれらの魚たちの銀色の縦糸と交叉して、サバの最後の群れは青と緑の輝く横糸となって、生命の織物を織り上げていくのだ。

こうして先を急ぐ魚たちがふ化したばかりのサバを押し分けながら進んでいくその海の上では、はるか南からこの海へ戻ってきたばかりのウミツバメの小さな群れが羽ばたいていた。鳥たちは鏡のような水面やゆるやかにうねる波の上をあちらこちら軽がると飛びかいながら、花から花へ蜜を吸いにきた蝶のようにホバリングをして海面近くにただよっているおいしい稚魚やプランクトンをとっていた。小さなウミツバメは北半球の冬をまったく知らない。冬になる前に彼らはひなを育てに遠い南の大西洋や南極の島々へ帰っていくが、そのときは南半球は夏だからである。

ときどき、何時間にもわたって海面に白い波しぶきが飛び散ることがある。それはセントローレンス湾の岩棚に向かうシロカツオドリの春の飛行の最後の群れが、水中深く獲物の魚を追いかけるために高い空から海に突っこんでくるときのしぶきだった。海流が南へ流れていくと、サメの灰色の姿がメンハーデンの群れを追いながらたびたび現れてくる。イルカの背が太陽の光を受けて輝き、フジツボを甲羅にたくさんつけた年老いたウミガメが水面を泳いでいた。

これまで、サバのスコムバーは自分のすんでいる世界をよく知らなかった。彼のいちばん最初の食物は水中のごく小さい単細胞植物で、口の中に吸いこんではえらでこしていた。次にはノミぐらいの大きさの甲殻類のプランクトンをとることを覚え、ただよっているプランクトンの群れに突進していって、すばやく新しい食物にかみつくことができるようになった。彼は日中のほとんどはほかの若いサバといっしょに何十メートルも深く水中に潜っているのだが、夜になると蛍光を発しているプランクトンに引きつけられるように暗い水の中を浮上してくる。幼魚が食物を追いかけようとすると、自然とこのような行動になるのだが、それはスコムバーが夜と昼、海面と海底の区別がそれほどわからないからだ。だがときどき、ひれを動かして浮上することがあって、昼間のきらきらと金色に輝く緑色の水域に入ると、そこでは動きまわる生き物たちの姿がすばしこく、いきいきと彼の視野のなかに現れるのだった。

この海面に近い水の中でスコムバーは初めて自分がねらわれるという恐怖を味わった。生まれてから十日目の朝、彼はほの暗い海底におりていかずに水面に近いところでゆっくりとただよっていた。透明な緑色の水中から銀色にきらめく十匹ほどの魚が不意に大きな姿を現した。それはカタクチイワシや小さなニシンのような魚だった。まっさきに一匹のカタクチイワシがスコムバーを見つけた。彼は仲間からはずれて小さなサバをとろうと口を大きくあけて水中に向かってきた。スコムバーはびっくりしてとっさに向きをかえようとしたが、その動作はいままで経験したこともないもので、彼はただ水の中をぎこちなく泳ぎまわるだけだった。次の瞬間、彼はつかまり食われそうになったが、別のカタクチイワシが反対側から突進してきて最初のカタクチイワシとぶつかったので、その混乱に乗じてスコムバーは大急ぎで二匹のあいだをすり抜けて潜って逃げだした。

スコムバーはいまや数千匹というカタクチイワシの大群のまっただ中にいることに気がついた。彼らの銀色のうろこはスコムバーのまわりできらきらと光っていた。彼らの押し合いへし合いするなかからスコムバーは逃げ道をさがそうとしたが無駄だった。魚の群れはスコムバーのまわりに上にも下にも波のように押し寄せ、きらきら輝く海の天井のすぐ下を狂ったように先へ先へと泳いでいった。こうなるとカタクチイワシは小さなサバのスコムバーにはまったく関心がなくなった。群れ全体が全速力で逃げているのだから。若いアジの一群がカタクチイワシの匂いをかぎつけてすばやく旋回して追ってきたのだ。彼らはまたたく間に狼の一群のように獰猛に、がつがつとカタクチイワシを餌食にしてしまった。アジの群れのリーダーはイワシの群れに突っこみ、かみそりの歯のようなあごで二匹のカタクチイワシにぱくりと食いついた。すぱっと切れた二つの頭と二つの尻尾が流れていった。血の匂いが水中をただよい、アジの群れはその匂いに狂ったように右に左にと切りこんでいった。彼らはカタクチイワシの群れの中心に突っこんで、より小さな魚の列をちりぢりにしてパニックにおとしいれた。多くのカタクチイワシは水面に向かい逃げ場を求めて空中にはねた。するとそこではアジと同じような漁師であるカモメにつかまってしまうのだ。

殺戮が拡大するにつれて、きれいな緑色をしていた海の水は少しずつ汚れて濁っていった。奇妙な味が錆のような色をした水とともに広がってきて、スコムバーはその水を口とえらを通して吸いこんだ。この血の匂いに小さな魚たちは不安をつのらせた。彼らはこれまでに血を味わったこともなく、ハンターとしての喜びも経験したことがなかったからだ。

ようやく追撃も終わりアジたちが姿を消すと、さっきまで狂ったようにカタクチイワシの殺戮を続けていたときのずしんと響くような振動はおさまって、スコムバーの感覚にも海の力強い単調なリズムがふたたび戻ってきた。小さなサバの感覚は、荒々しく渦巻き、かみつき、もみくちゃにしていった怪物に出会ったことですっかり麻痺してしまっていた。サバがこの亡霊たちを目にしたのは明るい海面近くの水域だった。そしていま、彼らは通りすぎていった。そこでサバは明るい水面から緑色の暗い水域へと何十メートルも深く沈んでいった。たとえどんな恐怖が近くにひそんでいようとも、それを隠してくれる暗がりの静けさのほうが安全だと思ったのである。

沈んでいったスコムバーは、自分たちの食べ物の群れの中に入っていった。それは透明で頭の大きい甲殻類の幼生で、一週間前にこの水域に産みおとされたものだった。幼生はほっそりした体から二列に生えている羽のような足をゆらしてぴくぴくと泳いでいた。若いサバの群れがこの甲殻類を食べていたのでスコムバーも仲間に加わった。彼は幼生を一匹つかまえるとその透明な体を上あごで押しつぶしてから飲みこんだ。そしてもっと餌をとろうと夢中になって、ただよっている幼生の群れの中に飛びこんでいった。いまやスコムバーは大きな魚への恐怖などまったく忘れて空腹を満たそうとしていた。

スコムバーが水深十メートルのエメラルドの霞のような海の中で幼生を追いかけていると、彼の視界をきらっとまぶしい閃光が走った。ほとんど同時に、閃光は虹色に輝くもうひとつの光を追いかけるように上に向かってすばやく巻き上がっていった。そして上のほうできらきらしている卵型の球に向かって上りながら太くなっていくようだった。もう一度、触手の糸がゆっくりとおりてきた。触手についている繊毛は光を受けて輝いていた。スコムバーは稚魚の時代に一度もこのクラゲの仲間に出会ったことはないのだが、本能的に危険を感じた。それはすべての稚魚の敵だった。

突然、手からロープがするするとほどけるように一本の触手がクラゲのわずか三センチの体から六十センチ以上ものびてきて、あっという間にスコムバーの尾に巻きついた。触手は髪の毛ほどの太さで繊毛が外側に生え、鳥の羽のようになっているが、繊毛は蜘蛛の巣の糸のように薄く細い。触手の繊毛はどれも糊状の分泌物を出し、スコムバーをそのたくさんの糸で絶望的にがんじがらめにしてしまった。ひれで水をかき、乱暴に体をねじ曲げてなんとか逃げようとしたが、触手は徐々に一本の髪の毛の太さから縫い糸の太さに、それから釣り糸の太さになるまで短くちぢんでいき、とうとうクラゲの口の近くまでたぐり寄せられてしまった。いまやスコムバーは、三センチほどの大きさで水中をゆっくりと回転していたクラゲの冷たい表面のなめらかな、とらえどころのないどろどろとしたものの中にいた。このクラゲはクシクラゲの仲間でスグリのような形をしているテマリクラゲだった。もっとも大切な口はいちばん上に開いていて、繊毛のある櫛板が八列に並び、たえず繊毛で水をかくことによって体を支えていた。なかば目が見えなくなったスコムバーが敵のつるつるする体に引き寄せられているとき、夕暮れの太陽の光が、クラゲの繊毛を赤く染めていた。

次の瞬間、スコムバーはクラゲの口にある耳たぶのような唇にとらえられ、体の中枢である胃腔まで入れられてしまった。そこで消化されるのである。しかし、クラゲがスコムバーをとらえたときは、まだ胃の中で別の食べ物を消化している最中だったので、少しのあいだは救われた。クラゲの口からは三十分ほど前につかまえたニシンの稚魚の尻尾が三分の一ほどはみ出していた。クラゲは口を大きく広げたが、全部を飲みこむにはニシンはあまりにも大きすぎた。無理矢理押しこんで全部飲みこもうとしたができなかったので、胃に入った部分をまずすっかり消化して尻尾が入るすきまができるのを待たなければならなかった。したがって、スコムバーもニシンの次に消化される自分の順番を予約待ちの状態になった。

突発的にもがいてみたけれども、からみついている触手の繊毛の網から脱出することはできなかった。そして刻一刻とスコムバーの力は弱まっていった。たえまなくそして容赦なくクラゲの体はねじれてニシンは致命的な胃腔の中にさらにひきずりこまれていった。消化酵素が驚くほどの速さで、たくみな錬金術を使って魚の組織をクラゲの食物へとかえてしまうのだ。

黒い影がスコムバーと太陽のあいだをよぎった。大きな魚雷のような形をしたものが水中にぬっと現れ、洞穴のような口をぽっかり開いてクラゲとニシン、それにわなにかかったままのサバをいっきに飲みこんだ。二歳になったマスがクラゲの水っぽい体を口に入れ、ためしに上あごで押しつぶしてみたが、気に入らなかったらしく吐き出してしまった。クラゲといっしょに飲みこまれたスコムバーは痛みと疲れで精根つきはて、なかば死にそうだったが、死んでしまったクラゲの触手の握力からは自由になることができた。

スコムバーの目には、潮の流れによって海底の林からひきちぎられたり、遠くの海辺から流れてきた海藻のかたまりが映った。彼はその葉の中に潜りこみ、海藻といっしょに水の中をただよった。

その夜、サバの幼魚の群れは海面近くを泳いでいたが、彼らは死の海の上を通っていたのだ。彼らの二十メートル下では数百万ものクシクラゲが層をなしており、お互いにくっつくほどひしめきあい、触手をのばして手の届くかぎりの範囲にいる小さな生き物をきれいに掃除しつくしていたからだ。夜も更けて、数匹のサバがクシクラゲで固められた底まで沈んでいったが、二度と戻ってこなかった。灰色の水がほの明るくなって、大量のプランクトンとたくさんの小さな魚たちが水面から海底へ沈んでいくと、彼らはたちまち死に直面してしまうのだった。

クラゲの群れは何キロにもわたって広がっているが、幸い深いところにいるので水面にはそれほど多くはいない。つまり、ある種の生き物の上に別の種類がいるというように層によってすみ分けることが海の生物の生活方法なのである。しかし次の夜には大きな耳たぶのようなクラゲが何十メートルも浮上してきて、暗闇のなかに緑色の光を発しているところでは海の小さな不幸な生き物が死にさらされることになるのだった。

その夜遅く、クラゲのなかでもベレーと呼ばれる共喰いをする残虐な一群がやってきた。ピンク色をした胃腔は人のにぎりこぶしほど大きい。ベレーの群れは大きな湾から、塩分の多くない海岸沿いを移動していた。波にのって小さなテマリクラゲの群れがぐるぐるまわりながらゆれているところまで来ると、大きなクラゲが小さなクラゲを襲って何百何千と食べてしまうのである。しまりのない胃腔は驚くほど広がり、早く消化してすきまをつくる必要があるときでもいっぱいになるようなことはめったにない。

海にまた朝がやってきたとき、小さなクラゲの群れははじめの数のわずかな生き残りがちらほら散乱しているだけだった。かつてたくさんの生き物であふれていた海の中に、生きているものはほとんど消え、奇妙な静けさが海をおおっていた。

第九章　港

太陽がカニ座にめぐってきたとき、サバのスコムバーはニューイングランドにあるサバの海域にたどりついた。彼は七月になって初めての大潮にのって、海に突き出した腕のような岬によって外海から守られている小さな港にやってきた。何キロも遠くから南に向かって風と潮の流れが無力な稚魚のスコムバーを運んでくれ、彼はようやくサバの本来のふるさとに戻ってきたのである。

生まれてから三ヵ月たって、スコムバーは体長七センチほどになっていた。海岸に沿ってつらい旅を続けるうちに、体形の定まらなかった稚魚は魚雷のような形になり、その背中は力を、先が細くなっていく腹部はスピード感をうかがわせていた。すでにスコムバーは成熟したサバの装いをしていた。うろこを身にまとっていたが、しかしまだとても小さくてやわらかく、ベルベットのような手ざわりだった。背中は深い青緑色で、その色はスコムバーがまだ見たこともない深海の色だった。そしてその青緑色の背中の上には背びれからわき腹の途中まで不規則な黒っぽい縦縞模様が走っている。腹部は銀色に光り、海面のすぐ下を泳いでいるときには太陽の光を受けて虹色に輝くのだった。

港には餌が豊富にあるので、タラ、ニシン、サバ、スケトウダラ、ベラなどの若い魚がたくさんすんでいた。一日に二回、長い防波堤と岩場のあいだの狭い入口を通って、満ち潮が、外海から押し寄せてきた。潮は狭い水路を通って突き進むので、水を大きな力で押しながらすばやく流れこんできた。そして潮は入江で渦巻きながら、海底から巻き上げたり、潮の道すじにある岩場から引きはがしてきた小さな生き物や動物性のプランクトンなどの豊富な餌を運んでくる。一日に二度、満ち潮とともに新鮮で塩分の多い水が港に入ってくると、海が潮の満ち干という方法で彼らにもたらした食べ物を、若い魚たちは夢中になってあさるのだ。

港の若い魚のなかに数千匹ものサバがいた。生後の数週間は沿岸のいろいろな場所で過ごすのだが、最終的には潮の相互作用と彼ら自身の回遊によって港に運ばれてくるのだ。昔から群れをつくる本能が強く、若いサバはすぐに大群になった。彼らはそれぞれ長い回遊のあとだったので、港の中で毎日を過ごすことに満足していた。海藻がついている防波堤に沿って浮いたり沈んだりしてゆっくり泳ぎ、入江の暖かい浅瀬で水の広さを感じ、満ち潮が必ず連れてきてくれるミジンコや小エビをあさったりしていた。

狭い入江に入ってくる水は勢いよく渦を巻いて海底をも洗い流し、岩に白くくだけていた。ここの潮は動きが激しくかわりやすい。満ち潮から引き潮に、引き潮から満ち潮にかわるときが港の内側と外側で違っているので、押したり引いたり両側から潮を引きあうので入江の入口の急流は休まるときがない。水路の岩には、速い潮の流れやたえまなくできる渦巻きが大好きな生き物がびっしりとついていた。海藻がついて黒っぽくふくらんでいる岩棚からは、その生き物たちが水中にただよっている餌をつかまえようとして必死になって触手や口をのばしていた。

ひとたび狭い水路に入ると入江は扇形に広がり、港の東側にある古い防波堤に沿って波が勢いよく流れていくと、波止場の杭に突き当たり、錨をおろしてつながれていた漁船を強い力で引っぱったりしていた。港の西岸の半分には林があって、水の上に突き出しているナラやスギが水面に影を落とし、波は浜辺の石にくだけてやさしくささやいていた。入江の北の海岸では水面に小さな風紋がたち、砂浜にはさざ波が打ち寄せてさらさらと広がっていった。

入江の海底は、人の腰の高さぐらいにのびた海藻のかたまりが流れこんでいた。海底が岩場のところでは、どこにもこうした海藻の庭園がひとつはあって、カモメやアジサシが上空から見おろすと、そのたくさんの海藻のかたまりが黒っぽいまだら模様に見えた。きれいな砂底の上を、海藻の茂みのあいだをぬって、入江の小さな魚たちの元気な群れが泳ぎまわっていた。緑色や銀色に輝いている魚の群れが、海藻の茂みを出たり入ったり急に向きをかえてぱっと散らばったかと思うとまた集まって群れになり、あるいはまた突然びっくりして銀色の流れ星のシャワーのように消えていった。

サバのスコムバーは同じ道をたどって潮の強い流れに押しまくられ、もみくちゃにされて入江までやってきた。そして海藻の茂みの中に砂の小路を見つけてたどりながら、波の静かな場所をさがしていた。スコムバーは茶色、赤、緑色の海藻が厚いつづら折りのようにはりついている古い防波堤に突き当たった。さらに速い流れの中を泳いでいると、黒っぽいずんぐりした形の小さな魚が防波堤のもつれた海藻の中からものすごい勢いで飛び出してきたので彼は驚いて向きをかえた。その魚は波止場や港を好むベラだった。ベラは一生のほとんどを入江の防波堤や漁船の船着場のかげで過ごしている。そして桟橋の杭についたフジツボや小さなイガイをつついたり、海藻の中にいる小さな生き物やトビムシやコケムシなどを食べているのだ。ベラの餌食になるのはごく小さな魚だけなのだが、おそろしい勢いで突進するので、大きな魚まで驚いて餌場から逃げていってしまうほどだ。

スコムバーはさらに岸壁に沿って泳ぎながら、偶然波止場のかげの薄暗い静かなところにやってきた。するとニシンの稚魚の大群が薄暗がりから突然現れた。ニシンの群れは太陽の光を受けてエメラルド、銀色、青銅色にまぶしくきらめいていた。ニシンは小さな魚を追いかけて餌食にするので恐れられている若いスケトウダラから逃げてきたところだった。ニシンがスコムバーのまわりをぐるぐる泳いでいると、新しい本能がスコムバーの体に目ざめてきた。スコムバーは向きをかえ、急転回して若いニシンのわき腹にかみついた。するどい歯がやわらかい組織に食いこんだ。スコムバーは深いところでリボンのようにゆらゆらゆれている海藻のベッドまでニシンをくわえて沈んでいって、かみついたままのニシンを振りまわし一口ずつむしって食べた。

スコムバーが彼のいけにえを食べ終わって上がってくると、スケトウダラもちょうど波止場のかげでまだぐずぐずしているかもしれないニシンをさがして戻ってきたところだった。スコムバーを見るとすごい勢いで襲ってきたが、若いサバはもう充分大きくなっていたのですばやく攻撃をかわすことができた。

スケトウダラは冬のあいだにメイン州の沖で生まれ、いまは二度目の夏を迎えていた。三センチにみたないぐらいの稚魚になると海流にのって南下し、生まれ故郷を遠く離れた外洋に出た。やがて広大な海で生きていくために、それまではなかったひれと筋肉の力を蓄え、若い魚になって沿岸の浅瀬に戻ってきたのだ。生まれた水域よりはずっと南で、岸近くに群がっている若い魚たちを餌食にするにはちょうどよい季節になっていた。スケトウダラは獰猛でがつがつした小さな魚だった。数千匹ものタラの稚魚の群れを追い散らしたり、海藻や岩のあいだに隠れて恐怖のあまりなかば動けなくなっている相手にそっと忍び寄ってパニックにおちいったところをつかまえるのである。

その朝、スケトウダラは若いニシンを六十匹も食べ、午後には満ち潮のあいだ餌を食べに砂から出てくるイカナゴをとろうとして入江の浅瀬を行ったり来たりしながら、銀色のイカナゴがそのとがった鼻づらを砂から突き出すのを待っていた。この夏になる前、スケトウダラがまだ生まれて一年目のころ、イカナゴはスケトウダラの稚魚を追いかけまわし、スケトウダラにとってはいちばんおそろしい魚に見えたのだった。イカナゴはカワカマスの凶暴さで彼らを襲い、犠牲者を選びだしていたのだ。

日暮れ時、スコムバーたちの若いサバの群れが水深二メートルほどの青灰色の水域に集まっていた。無数の動物性プランクトンが流れてくるので一日のうちでいちばんのごちそうにありつける時間なのである。

入江の水が静かになった。それは魚が水面に顔を突き出して弓形の空という不思議な世界をながめるときであり、遠く離れた岩礁や浅瀬に浮いたブイのゆっくりした警笛の音が水面をわたってはっきり聞こえるときだ。そして海底の主人公たちが隠れていた穴や泥の中、石の下からはい出し、桟橋の杭にしっかりとつかまっていた手をゆるめて水面に浮き上がってくるときなのだ。

金色の最後の残光が海面から消え去ろうとするころ、水中はネレイスの群れで満ちあふれた。早く軽やかな水の振動がスコムバーの横腹にぴりぴりと感じられた。ネレイスは長さが十五センチほどあるゴカイの一種で、体の中央に真っ赤な帯があり、海底の砂や浅瀬の貝殻の下から何百となく現れるブロンズの水の妖精のようだ。日中は岩のかげやアマモのもつれた根の中に待ち伏せをしていて海底をはいまわる小さなゴカイやヨコエビが近くを通ると、琥珀色のくちばしのようなおそろしい頭を突き出してつかまえてしまうのである。海底にすむ生き物はみんなネレイスの穴には近寄らないようにして、待ちかまえているネレイスの強いあごによる死を逃れているのだ。

ネレイスは、日中は自分の領地の中で餌をあさる獰猛で小さな動物だが、夕方になると雄は仲間とともに頭上に広がる銀色の天井をめがけて浮上していく。アマモの根のあいだに夜が急速にやってきて、突き出ている岩の影が長くのびて暗くなっていくときも、雌たちは穴に残っていた。雌のネレイスには真っ赤な帯がなく、体の横についている二列の付属器官——これは泳ぐときの櫂の役目をするものだが——が、雄にくらべると薄くて弱く、でこぼこしていた。

目玉の大きなエビの群れが日暮れ前に港にやってきた。ついで若いスケトウダラやセグロカモメの大群も夜のとばりがおりるまでにはやってきた。エビの体はすきとおっているが、両脇に鮮やかな赤い点が並んでいるので、カモメには赤い点々のついた雲が動いているように見えた。真っ暗になるとエビは入江の水辺に向かっていき、クシクラゲの金属的な緑色のきらめきにまじって、強い燐光を発していた。クシクラゲもいまとなってはもうスコムバーの敵ではなかった。

夜中に奇妙な形をした生き物が漁船の波止場近くにたくさん動いていた。若いサバの群れは黒く、静かな水中を列をなしてそのあたりを泳いでいた。大昔からの稚魚の敵、イカの一群が入江にやってきたのだった。彼らの冬の棲み家である外洋から春になると回遊してくるイカは、夏のあいだは大陸棚に群がっている魚を餌にして過ごしていた。魚が卵を産み、その稚魚が安全な港に避難してくると、腹をへらした貪欲なイカも陸地近くにまで押し寄せてくるのである。

イカは引き潮にあらがいながらスコムバーたちが休んでいる入江に音もなく近づい

てきた。彼らは波止場の杭をたたく波よりも静かに、矢のように速く引いていく潮をくぐり水の中にかすかに光る航跡をつけながら突進してきた。

早朝の冷たい光のなかでイカは攻撃を開始した。まず最初のイカがまるで生きた弾丸のような速さでサバの群れのまん中に突っこみ、ななめ右にそれてから一匹の魚の頭のちょうどうしろに確実な打撃を与えた。小さな魚はなにがなんだかわからないうちに、恐怖を抱く間もなく即死してしまった。イカのくちばしはサバの脊椎深く食いこみ、すっぱりと三角形にかみ切ったのだ。

ちょうど同じころ、別の五、六匹のイカがサバの群れに向かって襲ってきたが、最初のイカの攻撃で若い魚たちは四方八方へ散ってしまった。やがて追撃が始まった。イカはぐるぐるとまわっている魚の群れに突っこんできたが、サバは直進したりカーブを切ったり体をくねらしたり向きをかえたり、あらゆる技を使って逃れ、イカもまた猛烈なスピードでビンのような体から足をのばしてサバを巻きとろうと骨折っていた。

最初の激しい乱闘のあと、スコムバーは波止場のかげに逃げこみ、防波堤に沿っていき、そこに生えている海藻の下に隠れた。ほかのサバもそれぞれ入江のあちこちに広く散らばって逃げた。サバがちりぢりになったのを見つけると、イカは底に潜っていった。イカの体の色素は微妙に変化して海底の砂の色と同じになることができるので、どんなに目のよい魚でも、敵がどこにいるか見分けられなくなる。

サバはいまさっきの恐怖を忘れて一匹か、あるいは小さなグループをつくり、潮が戻るのを待って波止場に帰ってきた。海底にじっと動かずに目立たないようにしているイカの上をサバが一匹、また一匹泳いでいくと、砂がもり上がっているようなところから突然イカが現れて、彼らをつかまえてしまった。

このイカの作戦にサバは朝のあいだ悩まされていたが、岸壁の海藻に隠れたサバだけは突然の死の恐怖からは安全だった。

潮が満ちてくると、入江の水は岸辺近くに集まってきたイカナゴの群れでわきたっていた。ホワイティング（タラの仲間）の小さな群れがイカナゴを追っていた。ホワイティングの体は細いが筋肉質で二十センチほどの長さがある。腹部は銀色に光り、歯はメスのようにするどい。ホワイティングは、はるか遠くから潮にのってくるミジンコを餌にしようと入江の三キロほど沖合の浅瀬から出てきたイカナゴを襲撃した。イカナゴはびっくりして逃げだしたが、潮にさからって沖に出れば安全だったのに潮にのって入江の中の浅いところへきてしまったのだった。

イカナゴが逃げ、ホワイティングは追いかけ、何千匹という細い指先ぐらいの長さの魚が四方に逃げまどった。サバのスコムバーはひれをふるわせながら水面下三十センチのところにいたが、突然はりつめた彼の神経に、逃げまどうイカナゴが起こす小刻みの振動と、それを追うホワイティングの重たいうねりが伝わってきた。スコムバーのまわりには、あわてふためいて泳ぐたくさんの影がゆれ動いていた。スコムバーは波止場のかげに逃げこみ、杭についた海藻の中に隠れた。かつて彼はイカナゴをおそれていたが、いまではイカナゴと同じぐらいの大きさになっていた。あたりにはイカナゴとはちがう危険な狩りの気配が満ちていたからである。

イカナゴは入江の深いところへ沈んでいこうとするのだが、底までの水の深さはあまりなかった。しかしホワイティングに対する圧倒的な恐怖はイカナゴたちにそこが浅瀬だという危険を無視させてしまった。そして何百何千というイカナゴが岸にのりあげたのだった。餌にありつけることを予期したように入江の外からついてきたカモメは、泡立っているような水の下でなにが起こっているかを感知して、砂の浅瀬が銀色にかわったのを見ると興奮して猫のようにミューミューと鳴いたり、甲高い声をはりあげたり笑っているような声で鳴いていた。頭の黒いユリカモメや灰色のマントのセグロカモメが羽をばたつかせて舞い降り、肩の深さの水に突っこんでイカナゴをつかまえた。そして餌はみんなにゆきわたるほどたくさんあるのに、このごちそうにありつこうと降りてくる新参者を金切り声をあげておどかした。

ゆるく傾斜した浜辺に、イカナゴが数センチもの厚さに積み重なり、ホワイティングも無鉄砲な追撃のあげく十四以上が浜辺にのり上げた。そして海が引き潮にかわると逃げる手段を失ってしまった。潮が引いたあとの浜辺はイカナゴの死体で幅一キロにもわたって銀色になった。そのなかには体の大きい彼らの追跡者であるホワイティングもまざっていた。イカが虐殺の匂いに誘われて浅瀬に入ってきたが、多くは不運なイカナゴを餌にしているあいだに波に置いていかれてしまった。やがてカモメやウオガラスが数キロも先から集まってきて、カニやハマトビムシといっしょに魚を食いちらした。その夜、風と潮が力を合わせ海岸をすっかりきれいに掃除していった。

翌朝、鮮やかな白と黒く赤みをおびた羽をもった小さな鳥が港の入江の岩のひとつにとまってうとうとと夢を見ていた。そして潮がたっぷり十センチ近く上がってくるまでに目をさまし、岩にしがみついている小さな黒い巻貝をつついて食べていた。この鳥ははるか遠くから海岸沿いに北上してきて海へ吹き飛ばそうとする西風と戦うのに疲れ果てていた。それはその秋の渡りの先陣であるキョウジョシギだった。

七月は八月に席を譲り、西風にのってくる暖かい空気が冷たい海の空気と出会い、港は濃い霧に包まれた。海岸を二キロほど離れたところから、葦笛の音のような霧笛が昼も夜も霧を切りさくように響き、警鐘が浅瀬や岩礁のいたるところで鳴っていた。ここ一週間ほど港には漁に出ていく漁船のエンジンの音は聞こえず、霧のなかでも方角がわかるカモメのほかに海上を動くものはなにもなかった。アオサギは漁船の餌の匂いにつられて波止場の杭にきてとまった。

霧が晴れると抜けるように青い空とさらに青い水の晴天が幾日も続いた。このころ、シギやチドリなどの鳥の群れが秋の突風に吹き飛ばされていくように港をあとにして出発していった。それは夏の終わりの前ぶれであるかのようだった。

岸辺や湿地にいる生き物がいち早く秋のおとずれに気づくと、海の中の生き物もゆっくりと動きはじめる。秋は南西風が運んできた。八月の終わりにかけて、陸に向かって吹く風は雨をもたらし、空は港の鉛色の水面よりもさらに濃い灰色をしていた。二昼夜にわたって南西風の嵐が続き、こやみなく降る雨粒は水面を貫いて海のシーツを穴だらけにした。雨が満ち干する潮を打つと、潮は波のうねりに雨をのせて連れ去った。満潮には海が防波堤の縁まであふれ、たくさんの漁船が水につかり、奇妙な形をしたものが海底に沈んできたので好奇心いっぱいの魚が首を突っこんできた。魚はみな海底深くに潜ってしまい、アジサシは体をまるくし、ずぶぬれになって港の岩の上にわびしげにたたずんでいた。雨が灰色の水面を激しく打つと水が不透明になって彼らは魚をさがすことができないのである。だが、アジサシと違ってカモメは大喜びだった。嵐の高潮が傷ついた水生動物やそのほかのくずなど、彼らの餌になるものをたくさん港に運んでくるからである。

嵐の二日目になると、細くぎざぎざの葉をした海藻や木の実の房のような海藻が入江に流れこんできて、次の日には水面いっぱいにホンダワラのような海藻が浮かんでいた。メキシコ湾流にのって流されてきたのだ。海藻のかたまりの中には鮮やかな色の小さな魚たちがいた。彼らは遠い南から海流にのって運ばれてきたのだ。彼らの長い旅路は稚魚時代を過ごした熱帯の水域から始まった。魚たちは北上する途中、幾日もホンダワラに守られてきた。暖かい熱帯の水の紺青の流れから風が海藻を吹きはらうと、魚もそれにくっついて沿岸の浅瀬にやってきた。彼らの多くはそこに残るのだが、なれない寒さがおとずれると突然に死んでしまう。

嵐のあと、満潮の海面をミズクラゲが埋めつくした。美しい白いミズクラゲにとっては不吉な旅だった。大洋がミズクラゲを運んでいく季節はすなわち、彼らが冬のあいだ石にくっついた小さな植物のような生の営みを始めた海岸の貝殻や海藻の生えた岩場から追いたてられるということだったのだから。彼らは春になると平らな円盤が重なったようなその小さな体からひとつずつ分かれて泳ぎまわる小さな鈴の形にすばやくかわり、次いで成体期になる。太陽が照り、風がそよいでいるときは海面で暮らし、しばしば二つの海流が交わるところに何キロにもわたって曲がりくねった列になって集まっていることが多い。しかし、乳白色の体がちらちら光るのでたちまちカモメやアジサシ、シロカツオドリに見つかってしまう。

ミズクラゲは卵を産むと、円盤の下から中身のない袖のようにぶらさがったひだのあいだに幼生を入れて運ぶ。おそらく産卵で疲れきってしまったのだろう。ふくらんだ組織と空気でふくれた卵嚢がひっくり返って、夏の終わりの海をどうすることもできずにぶざまにただよっている。そして小さな甲殻類の群れの飢えた顎で攻撃されると、ばらばらにくずれてしまう。

南西の風が海を深くかきまわして、ミズクラゲを見つけた。荒れた海は彼らをつかんで岸辺に運んでいった。波にもまれてたくさんの触手はとれてなくなり、繊細な組織はぼろぼろになってしまった。満ち潮のたびに港にはミズクラゲの青白い円盤が運びこまれ、岸辺の岩に打ち上げられた。ぼろぼろになった体はふたたび海の一部になってしまったが、親の腕に抱かれていた幼生はそのとき初めて浅瀬の水中に解放される。こうしてミズクラゲのライフサイクルが完成するのだ。ミズクラゲを形成していた物質は海によって他の目的のために再利用され、ミズクラゲの幼生は冬のあいだ、石や貝の中でじっとしていて、春になると小さな鈴の群れになって水面に上がっていき、ただよっていくのである。

第十章　海路

夜と昼の長さが同じぐらいになった。太陽が天秤座を通りすぎると九月の月はかぼそく幽霊のように青白くなっていった。潮が水路を通って港へ流れこみ、岩の上に白い波しぶきをあげて泡立ち、ふたたび、やってきた海へと備っていくとき、日に日にたくさんの小魚を港から連れ去っていった。やがてある夜、満ち潮が入ってくると若いサバのスコムバーはこれまでに感じたことのない不安を覚えた。その夜、海に戻る引き潮がスコムバーをさらっていった。ほかにも体長十五センチあまりにすっかり成長し、何百匹という群れで夏の終わりを港で過ごしていた数多くの若いサバがいっしょにさらわれていった。いまや、快適に過ごした港をあとにして、これからはおそらく一生を大洋で過ごすことになるのだ。

水路の急な流れの中で、サバは小さな渦に巻きこまれ、港の入口の岩場を越えて勢いよく流れる水に押し流されていった。水は塩からさを増し透明で冷たかった。岩場や浅瀬の上でかきまぜられた水面は細かく切り裂くように泡立ち、酸素をたっぷりととかしこんだ。この海水の中を、サバは彼らを待ち受ける新しい生活への期待に鼻づらから尾びれまで、身をふるわせて勢いよく泳いでいった。港の出口のあたりでは潮の中を泳ぎまわるスズキの黒い姿とすれちがった。スズキは、波が岩からもぎとった水路の海底の穴から洗い出される小さな甲殻類やゴカイに食いつこうと身構えていた。サバはその黒い影から逃げるとスズキがいた波立つ水路を越えて、銀色に光りながらすばやく潮に向かって突き進んだ。

港の外に出ると、潮はおだやかにゆったりとうねりながらサバをより深い水域へと連れていった。ここは、広い海の底が巨人の階段のように積み上げられた浅い岩礁を越えた先の海だった。ときおり、サバは深い潮の中を泳ぎながら砂の浅瀬や海藻の生えた岩礁の上を泳いでいるように感じることがあった。しかし砂や貝、岩をいつも洗っている低い水の音も海底も、サバのはるか下になってしだいに遠くなっていった。そして先を急ぐ魚が感じるリズムや音の振動のほとんどは、ただ水から水へと伝わってくるだけだった。

若いサバの群れはまるで一匹の魚のように泳いでいた。リーダーはいないが、それぞれがほかの魚の位置と動きにとても敏感で、群れの端にいる魚が左右に向きをかえたり、ペースを早くしたり遅くしたりしており、群れのほかの魚も同じように歩調を合わせていた。

　ときどき、サバは行く手を横切る釣り船の黒い影に驚いて急に向きをかえ、潮にさからって張られた網をくぐり抜け、何度もつかのまのパニックにおちいったが、まだ小さいので網にひっかからずにすんだのである。またあるときは真っ暗な水の中を突進してきて、ぬーっと現れた大きなイカに追いまわされることもあった。イカは、おびえている二年目のニシンの群れの中に勢いよく突っこんだり出たりしながら、餌を食べつづけていた。

　港から五キロほど沖に行ったところで、サバは自分の下がまた浅瀬になったように感じた。小さい島に近づいているのだ。それは海鳥の島だった。繁殖期になるとアジサシが砂の上に営巣し、セグロカモメはスモモやヤマモモの茂みの中や海の見える平らな岩の上でひなを育てていた。島から海の中に長く突き出している暗礁があって——漁師たちはリプリング（さざ波の立つところ）と呼んでいたが——、そこでは波が白く泡立ちながらくずれていた。サバが通りすぎるとスケトウダラの群れが波間にたわむれて飛びはねた。その体は海上に昇っていく月の薄明りを受けて波の泡のように白く光るのだった。

島と暗礁のかげを二キロほどまわりこんだとき、サバの群れは突然パニックにおちいった。五、六匹のネズミイルカが呼吸をするために海面に向かって浮かび上がってきたのである。ネズミイルカは海底の砂地に潜っているイカナゴを掘り出して食べていたのだ。彼らはサバの群れの中に入ったことがわかると、とがった歯をむき出しにしたあごで小さな魚にかみついて、たわむれに二、三匹のサバを殺した。しかしサバの群れがあわてて逃げまどうと追ってはこなかった。すでにイカナゴを腹いっぱい詰めこんでいて動きが鈍くなっていたのだ。

明け方早く、若いサバはもう数十キロも沖に来ていた。そして初めて自分と同じ種類の成長したサバにめぐり合った。おとなのサバの群れは海面下をすいすいと激しい波しぶきを立てて風が吹きわたるように泳いでいた。鼻づらを水面に突き出し、その目は水中のぼんやりした視界のなかから外の大気と空の世界を見つめていた。おとなのサバと若いサバの二つの群れは出会ってからしばらくのあいだいっしょになってぐるぐるとまざりあっていたが、やがてまたそれぞれ海の中の別の道をたどっていった。

カモメが朝早く、寝場所にしている海岸沿いの島々からやってきて海のパトロールをしていた。その目は海面で起こっていることも、また水面にきらきらしていた光が太陽が昇るにつれて消えたあとは、深い水の中のことも、なにひとつ見落とさなかった。カモメは海面下三十センチのところを泳いでいる若いサバの群れを見つけた。東のほうにいくつものうねりにまたがって、水を切る鎌の刃のような黒いひれが二つ見えた。彼らが海面まで浮上してきたので、カモメにはそのひれがちょうど水面のすぐ下を泳いでいる大きな魚の一部であることがわかった。長い背びれと尾びれの上部の刃型が突き出ているのである。メカジキはその鋸のような先から尾の先端まで三メートル以上もあり、海面近くをのんびりと泳いでいることが多い。おそらく背びれで海面のさざ波の推力を試しながら風で進路をとっているのだろう。このやり方で順風にゆれる海面をただよって、メカジキは確実にプランクトンの群れやそれを追う魚と出会うことができるのだ。

メカジキと若いサバの群れを見ていたカモメは、そのとき南東の方角から近づいてくる大きなかたまりを発見した。それは満ち潮の海流にのってやってきた目の大きなエビの大群で、陸に向かって吹く風を受けてその数を増していった。しかしカモメがときおりそうやっているところを見たように、エビはプランクトンを食べているのでもなく、海面をおだやかにただよっているのでもなかった。その反対に、海の中を波のように押し寄せてくる貪欲でおそろしいなにものかから逃げていたのだ。それはニシンの群れで、近づいてくるやいなやたちまちエビに食いついてくる。エビはオールの先のように平たい泳脚に満身の力をこめてものすごいスピードで泳いだ。そして追うものと追われるものとの差が徐々に小さくなってくると、エビは透明な体にわずかに残っていた力をふりしぼって、すぐうしろで口をあけているニシンから逃れて空中にはね上がった。しかしニシンは容赦なく追いまわし、エビは何回も空中に飛び上がるのだが、ひとたび、いけにえとしてニシンに目をつけられたエビはほとんど逃れられなかった。

風や海流が運んでくるプランクトンの群れと、それを追う魚は陸地のほうへ運ばれていった。サバはプランクトンに向かって北東から泳いできて、メカジキは北西から近づいてきた。流れる雲のようなプランクトンの群れの端がサバのところに達すると、若いサバは先を争ってエビにかみついた。そのエビは港にいるどんな餌よりも大きかった。次の瞬間、サバはニシンの群れのまん中にいることに気づき、さらに大きな魚の襲来を恐れて深いところに大急ぎで沈んでいった。

カモメは海面のすぐ下に黒いひれが二つ動いているのを見つけた。そして、大きなメカジキが海底深く沈んでいき、その輪郭がぼんやりとニシンの下に動いていくのを見ていた。次に起こったことは波立つ水と飛び散る水煙でカモメにはよく見えなかった。しかしカモメが獲物をとろうとする本能に引き寄せられて、小きざみにホバリングしながら近くまで舞い降りてくると、押しあいながら群れをなしているニシンのまん中に突進し、ぐるぐるまわりながら狂気のように攻撃している大きな黒い影が見えた。やがて白く泡立った波がおさまると、二十四以上のニシンが海面に背中を食いちぎられて浮かんでいた。そのほかにも、あたかも刀のひと太刀を受けて傷ついたかのように弱々しく泳いでいたりあえいでいるニシンがたくさんいた。この大きな魚はあごの力は強くないのだが、簡単にニシンをとらえることができた。しかし死んだニシンの多くはカモメがもっていった。カモメはメカジキが殺した獲物を空から舞い降りてきてごちそうになったのである。

大きなメカジキは満腹になるまで食べると海面をゆっくりと去っていった。海面は太陽に暖められておだやかに凪いでいた。ニシンの群れは深いところへ潜っていき、カモメは海上高く旋回しながら、浮上してくる獲物を見張っていた。

水深十メートルほどのところでは、若いサバの群れはカラヌスと呼ばれているきわめて小さいミジンコ類が何百万という数で赤い雲のようなかたまりになって潮流の中をただよっているのに偶然に出会った。この赤い甲殻類のミジンコはサバの好物だった。満ち潮の勢いがゆったりとしてくると、潮に運ばれてくるプランクトンはさらに少なくなって、この赤い餌のかたまりは深い底のほうへ沈んでいった。そしてそのあとをサバが追っていった。水深わずか三十メートルのところでサバは砂地の海底に着いた。そこは南へ湾曲している長い海底の丘が平たい台地になっているところで、西からのびてきた別の丘に連なっていた。そのため、二つの丘は半円形の尾根を形づくり、そのあいだが深い海の峡谷になっていた。尾根の形が馬蹄形をしていることから、漁師たちはその場所をホースシュー（馬のひづめ）と呼んでいた。漁師はそこにタラ科の食用魚をとるための網を仕掛けた。ときにはアイスクリームのコーンの形をしたトロール網をおろすこともあった。

サバは浅瀬を過ぎると海底が徐々に下り坂になって深くなりはじめていることに気づいた。そして、浅瀬のいちばん高いところから下に十五メートルほどのところで、中央の峡谷の端にたどりついた。さらに百メートル下の峡谷の底は砂利や割れた貝殻のかわりに、やわらかくねばりけのある泥でおおわれていた。この峡谷にはメルルーサがたくさんいて、底すれすれに泳ぎながら長く敏感なひれを泥の中にさぐり入れて暗闇のなかで餌をさがしている。サバの群れは深海を本能的に恐れて向きをかえ、浅瀬のほうに上っていった。海底すれすれのその世界は、海面近くで生活している若い魚にとっては見慣れない不思議なところだったのである。

浅瀬を越えていくと、頭上を通りすぎるあらゆるものを見ているたくさんの目が砂の中からサバを見上げていた。その目はどれもスナガレイかヒラメの目で、平たい灰色の体に薄い膜のように砂をかぶって、彼らをねらっている大きな魚や走りまわるエビやカニから身を隠しながら、やすやすと餌をとっていた。この種の魚は目のところまで開く大きな口の周囲にするどい歯があって、不意に襲う魚として警戒されているが、サバはあまりにもすばしっこく泳ぐので、彼らも隠れ家から出て追いかける気にはならないようだった。

若いサバが浅瀬を泳いでいくと、先のとがった高い背びれのある大きな魚が驚くほど近くに突然現れることがよくある。タラがさっと通りすぎてはまた水中の暗黒に消えるのだ。ホースシューにはタラの餌になる甲殻類やウニ、クダゴカイなどが豊富なので、たくさんのタラがいた。サバは豚のように海底を掘り返しているタラの群れを何度も見かけたことがあった。彼らはやわらかい砂の中に深くトンネルを掘って隠れているゴカイを掘り出していた。彼らが鼻先で押して砂を振り出すと、その肩の黒い模様（すなわち悪魔の印）と黒い横縞が薄暗い光のなかに鮮やかに浮かび上がった。タラが若いサバにかまわず掘りつづけているあいだに、サバはおびえて尾をびくびくさせて急いで通りすぎていった。タラは海底にすむ小動物がたくさんいるあいだは、めったに魚は食べないのだ。

コウモリのような形の三メートルもありそうな大きな生き物が、砂の中から現れて薄い体をひらひらさせながら海底すれすれを泳いでいった。その姿は悪魔のようにおそろしく、若いサバの群れは急いで数十メートルも浮上し、アカエイの目の届かないところまで逃げた。

サバたちは急勾配の岩棚の先の水の中にぶらさがっている見慣れないものに出くわした。それは強い力で浅瀬を越えてくる潮の動きのままにゆれていて、自分では動かずにいる様子はまるで水の中に広がってくる匂いを味わっている魚のようだった。スコムバーは大きな釣針にささっているぶつ切りにされたニシンの一片に鼻先をつけて匂いをかいだ。そうしているうちに、ニシンをつついていた数匹の小さなカジカをおどかしてしまった。餌が大きすぎて、そんなに小さな魚は釣れなかった。釣針の上についた細い黒い糸はもっと長いロープにつながっていた。その長いロープは海上を二キロ以上も水平に浅瀬の上にのびていた。スコムバーと彼の仲間が海底の台地の上を泳ぎまわっていると餌のついた釣針がいくつも目に入った。そのうちのいくつかにタラのように大きな魚がかかっていて、飲みこんだ針にひっかかってゆっくりのたうちまわっていた。別の針にはカワミンタイ（タラ科の魚）がかかっていた。カワミンタイは大きく力の強い魚で体長が一メートルもあった。この魚は浅瀬に単独で生活する習性をもち、岩棚の外壁に生えている海藻の中に隠れて過ごしていることが多い。餌のニシンの匂いがカワミンタイの隠れ場所にただよってきたので、それに飛びついてしまったのだ。カワミンタイは釣糸のまわりを、力強い体を数回ぐるぐるとまわしながらもがいていた。

小さなサバはこの奇妙な光景から逃げ出し、カワミンタイは海面に怪魚の薄暗い影を落としながら海面に向かってゆっくりと引き上げられていった。漁師が針のついたロープを次々に見まわっていた。もし針に魚がかかっていれば短い竿を使って近づき、市場に出せる魚は平底船の底に放りこみ売れない魚は海に放り投げた。引いていた潮が戻りはじめてからすでに一時間たち、ロープはたった二時間おろしただけだったが漁師はもう上げてしまった。ホースシューの流れは非常に速いので、針のついたロープは潮がおだやかなときしか張れないからである。

サバは浅瀬の外海側の縁にやってきた。そこではけわしい岩壁が百五十メートルも下の海底に向かって落ちこんでいた。浅瀬の外側はどこもかたい岩になっていて、大洋からの水の圧力に耐えていた。スコムバーは大陸棚の縁やその下の紺碧の水の上を泳ぎながら、崖の頂上から六メートルほど下に狭い岩棚を見つけた。茶色の革のようなケルプが岩礁の岩層や岩の裂け目に生えていて、岩壁から注ぎこむ強い流れのままに、六メートル以上もリボンのようにただよっていた。スコムバーがそのたなびいている平たい海藻のリボンのあいだを用心しながら泳いでいくと、通りかかる魚から見えないように海藻のかげに隠れて岩棚で休んでいたロブスターを驚かせてしまった。ロブスターは、腹部の脚の毛に数千個もの卵をつけてかかえていた。その卵は春が来るまでかえらないので、ロブスターはそのあいだじゅうずっと、腹をすかした好奇心の強いウナギやベラなどに見つかって卵を奪い取られる危険にさらされているのだった。

スコムバーが岩壁に沿って泳いでいくと突然二メートルもあるハタに出くわした。それはハタのなかでも百キロもある怪物で、岩礁のケルプの中にすんでいた。ずるがしこいハタでなければここまで年をとって大きくなることはできない。このハタは数年前、海底の岩棚に深い穴を見つけ、本能的にそこが餌をとるのに格好の場所だとわかると、ほかのハタをものすごい勢いで追い出して、自分だけがその岩棚を占領して暮らしていた。そしてほとんど一日じゅう、その岩棚の上で過ごしていた。そこは正午を過ぎると陽がかげって深い紫色の影に包まれた。魚が岩壁づたいにうろうろとやってくると、ハタはこの穴場から飛び出してつかまえるのである。たくさんの魚がそのあごの中で死を迎えた。ベラ、カジカ、背びれのギザギザしたケムシカジカ、カレイ、カナガシラ、イソギンポ、ガンギエイなどもそのなかにいた。

ハタは少し前に餌を食べてからずっとうつらうつらしていたのだが、若いサバの姿を見て、目をさまし無性に空腹を覚えた。その重たい体をくねらせ岩棚から浅瀬へと勢いよく上っていった。スコムバーは逃げだした。若いサバは崖に沿って上昇する潮の流れにのって仲間と合流した。ハタの黒っぽい影が崖の縁に現れると、危険を感じたサバの群れは大急ぎで浅瀬の向こうに逃げていった。

ハタはホースシューのあたりをうろついていた。小さな生き物はなんでも、殻のあるものもないものも、海底にすんでいるものも、その上を動きまわるものも、みなハタの餌だった。ハタが砂の上で寝ていたカレイをおどかすと、カレイは死にもの狂いの速さでハタの前から逃げていったので、ハタは小さなハタをつかまえた。このハタはついこのあいだ海面近くで過ごす時期を終えて、海底でほんとうのハタとして生きるためにおりてきたところだったが、大きなハタは自分と同じ種類の稚魚も食べてしまうのである。そのほかに大きな二枚貝を何十個も丸ごと飲みこんでしまった。そして中身を消化したあとで貝殻だけを吐き出した。しかし、ときには数日間もきちんと積み重ねた形で胃の中に大きな貝殻を十ばかりも入れていることがある。二枚貝が見つからなくなると、平らな岩棚に厚いスポンジのマットを敷きつめたように生えているツノマタのくるくると巻いている葉の奥深くに隠れているカニをさがしだすのである。

ホースシューを二キロほど過ぎて、サバの群れは水の中に奇妙なものがあることに気がついた。港で過ごした稚魚のときにはそのようなことはなかった。ただ、海面をほかのプランクトンといっしょに浮遊していたときにはわずかにそんな記憶があった。サバの敏感なわき腹の側線に、重く鈍い振動が伝わってきた。それは岩礁に当たる波の振動でもなければ、激しい波からくる振動でもない。しかしこの感覚は、若いサバの記憶にあるものときわめて似かよっていた。

そのじゃまものが近づいてきた。小さなタラの群れが大急ぎで浅瀬の海の縁に向かってあとからあとから続いて泳いでいった。一匹一匹が集まってグループになってほかの魚といっしょに水の中を続々と泳いでいった。大きなコウモリのようなアカエイ、タラ、カレイ、それに小さなオヒョウもいた。どの魚も崖の端に向かって急いでいた。そして身ぶるいするような振動が伝わってきた。

信じられないほどの大きさの黒いなにものかが大きな口をあけて水の中に現れた。アイスクリームのコーンのような形をした網が出現したことで起きたこの奇妙な振動と逃げまわる魚のためにサバの群れは混乱し、どうしてよいかわからなくなってしまっていた。突然、仲間の一匹が泳ぎだし、暗い落とし穴のような奇妙な世界をあとにして明るく淡い色の水中を通って上へ上へと浮上し、そして彼らはみな棲み家である水面に近い水域へと戻っていった。

浅瀬の魚たちにとっては、太陽の光にあふれた水域に浮上し逃げたのは、本能に導かれたのかもしれない。トロール網がホースシューの長さだけ引きずられると、ほら穴のような袋の中にはすでにたくさんの食用になる魚に加えてヒトデのテズルモズルやエビ、カニ、巻貝、ザルガイ、ナマコ、ゴカイの白い管がすくい上げられていた。

崖に近い岩棚にいた年老いたハタがトロール網のすぐ近くにいた。巨大なハタはトロール網を見るのは初めてではなかったが百回目でもなかった。ハタのうしろには、長いロープで引かれた網が口をあけていた。そのロープは、網の前方三百メートルのところにいる漁船に向かってななめに上へ上へと長くのびていた。

さて、ハタは海底をゆったりと泳いでいるかのようにホースシューの上を泳いでいた。周囲の水は深海のもののように暗い色をしていたので、ハタは自分が生活していたいつもの深い岩の割れ目のある岩壁の近くにいるように思えたのだった。そのとき、トロール網の口がハタの尾びれをかすめた。するとハタは眠っていた体じゅうの筋肉をものすごい力で呼びさまし、勢いをつけてとっさに開けた青い世界に飛び出し、岩礁の下にあるいつもの岩棚まで降りていった。

ハタがリボンのようにゆれているケルプを通り抜け、体の下になめらかな岩肌を感じたその直後に、崖の縁の上に張られたトロール網が、岩の下の深い水中を左右にゆれながら沈んでいった。

第十一章　小春日和の海

十月のなかばごろから群れで渡ってきたミツユビカモメやセグロカモメの声が聞こえてくると、秋の気配が感じられるようになった。何千羽という群れで次々と海を越え、翼を弓型にそらして水面に降りては小さな魚を餌にしながら薄緑色の空をひたすら飛んできたのだ。ミツユビカモメは北極海の海に面した崖の上の巣や、グリーンランドの氷河に別れを告げて南下してきた。そして彼らといっしょに冬の最初の冷たい風も灰色の海をわたって吹いてきた。

海に秋の到来を告げるしるしはほかにもある。九月になると海鳥の飛来は日ごとに多くなった。グリーンランドやラブラドル、キーワーチン、バフィン島から海沿いの空に、南の海に帰る旅を急ぐ鳥たちは、はじめは細い流れのようだったのがしだいに増え、膨大な数になっていた。シロカツオドリ、フルマカモメ、トウゾクカモメ、オオトウゾクカモメ、ヒメウミスズメ、ヒレアシシギなどだった。海鳥の群れは大陸棚のあらゆるところに広がった。そこでは海面近くに魚の群れが泳ぎ、プランクトンが豊かにあふれていたからである。

シロカツオドリは魚を食べる鳥で、空に白い十字を描いて飛び、たんねんに海の上を調べながら餌をさがしていた。魚を見つけると上空三十メートルから降下するが、皮下にある空気袋がクッションになって重い体が水に突っこむときの衝撃を弱めていた。フルマカモメは群れをつくっている小魚を餌にしていて、イカ、甲殻類や釣り船が捨てるくず肉など、海面で手に入るものはなんでも食べていた。彼らはシロカツオドリのように水中に飛びこむことはできないからだ。小さなヒメウミスズメやヒレアシシギはプランクトンを餌にし、トウゾクカモメやオオトウゾクカモメはたいていの場合、ほかの鳥がとった獲物を横取りして食べていて、自分ではめったに餌をつかまえない。

こうした鳥たちを陸地で見るのは次の春まで待たなければならない。彼らは光と闇、嵐と凪、みぞれや雪、そして太陽と霧が支配する冬の海のメンバーになってしまうのだ。

九月の末、すみなれた港を離れた生後一年目のサバは、大洋の広さに圧倒されてははじめはびくびくしながら生活していた。彼らは安全な入江の岩場で三カ月を過ごすあいだに、満潮時に餌をあさり、干潮時に休憩するという潮のリズムに自分たちの動きを徐々に合わせていった。海面の潮の動きは外海でも海岸と同じように太陽と月の引力によって生じているのだが、若いサバにはほとんど感じられなかった。サバにとっては、潮の動きは波の大きなうねりの中に消えてしまっていた。彼らは、海流の道や潮の変わり目にまだなじめず、大洋をさまよいながら港や桟橋のかげ、ヒバマタの森などのような安全な隠れ場所をむなしくさがしていた。サバたちはこれからずっと緑色の水だけの世界に暮らしていかなければならないのだ。

スコムバーたち一年目のサバは、港を離れてから、大洋の豊かな餌で充分に栄養をとり、急速に大きくなっていった。この六カ月のあいだに、若い魚たちの大きさは二十センチから二十五センチに成長した。漁師が「タック」と呼ぶ大きさである。大洋に出て最初の数週間は一年目のサバは北東の方向へためらうことなく進んでいった。この冷たい水域では、サバの好物であるアカミジンコが深紅色の小さな体で海を何キロにもわたって薄赤く染めていた。サバはさらに沖へと泳いでいき、太陽が秋を告げている十月のある日、もう十年以上も産卵を繰り返しているのではないかと思われる大きなサバの群れの中にいることに気づいた。秋はサバが大移動する季節である。夏の回遊のときにはたくさんの魚がセントローレンス湾やノバスコシアの沿岸まで北上していたが、いまはもうピークを過ぎて、潮が引いていくようにふたたび南下していくのである。

少しずつ、夏の暖かさは水から消えていった。若いカニ、イガイ、フジツボ、ゴカイ、ヒトデ、それにたくさんの種類の甲殻類がふ化した直後の海面を浮遊する幼生の段階を過ぎて姿をかえていた。春から夏にかけて大海原は若い生命が誕生する季節なのだ。そしてもっとも単純な生き物の何種類かにとっては、この海の小春日和がつかのまの生命の再生産をもたらしてくれる。彼らは何百万倍にも増えるのである。このなかには単細胞動物で、海中で光を発する針の先ほどの原生動物もいた。ツノモには角があってその先端にはグロテスクな原形質のしずくがついていた。そして十月の夜に銀色の光の粒となってまき散らされ、海面いっぱいに厚く広がると、風に吹かれて少しずつ動いていく。夜光虫の小さな球――人間の目でやっと見えるほどの大きさ――は、体の中に顕微鏡でも見えない光の粒をもっていて、それぞれがきらきらと光っていた。豊饒の秋の季節、魚たちは原生動物がもっとも密集しているところへ寄っていき光の海に浸っていた。岩礁や浅瀬でくだけた波は、炎の滝のようにこぼれ落ち、漁師のオールが水をかくたびに闇のなかでたいまつの火のようになった。

こんなある夜、サバは海の中で仕掛けられた刺網がゆれているのを目にした。網には浮きがついていて海面に浮かんでいたが、コルクの浮きのついたロープから大きなテニスのネットのようにまっすぐ下にさがっていた。網目の大きさは一年目のサバならするりと通り抜けられるぐらいだが、もっと大きな魚はその頑丈な網にかかってしまう。けれども今夜はまったく魚がかからなかった。それは網目という網目に夜光虫の小さな警戒ランプがついていたからである。発光性の原生動物やミジンコ、トビムシなどが真っ暗な海の中でぬれた網にしがみついて明るく光っていた。大洋の鼓動が、彼らの体から数えきれない光のきらめきをかきたてていた。それはまるで、何万という小さなミジンコが、この不安定な世界でただひとつすがれるものはこれしかないかのように、刺網の網目に原形質の毛、繊毛、触毛、爪などを使って必死につかまっているのだった。ミジンコは、砂粒よりも小さな塵のような動物だが、生まれてから死ぬまで、この無限大の大洋の中をただよい、流動している。刺網はまるで生き物のように輝いていた。その輝きは黒い海中に浮かび上がり、暗黒の海底まで続いていた。この明りに引き寄せられたたくさんの深海の小さな生き物が刺網の網目に集まってきて暗く広い海で夜の休息をとっていた。

サバが好奇心から網に鼻先をこすりつけて頑丈なロープにぶつかると、プランクトンのランプがいっせいに明るく光った。その明るさは二キロも先まで届いた。光は通り道にあるものを次々と照らしていくからである。網に首を突っこんでいる魚もいたが、網についている小さな生き物をとっているだけで網にはかからなかった。

月夜には月の光がプランクトンのきらめきをやわらげた。そうすると網を見落としてたくさんの魚が網にかかった。このことに気づいた漁師たちは、月の光が明るいときだけ刺網漁をするようになった。この網は、二週間前、ちょうど満月を過ぎたころに仕掛けたものだ。数日のあいだ、二人の漁師が漁船で網の番をしていたが、夜になって風と雨が強くなって海が荒れたことがあった。それ以来漁船はやってこなくなった。それは、二キロ沖の浅瀬で漁船が座礁してしまったからで、壊れた船の一部は潮に流されてしまった。

残された刺網には、夜ごとに魚がかかり、月が明るく輝いているあいだはたくさんの魚がとれた。小さなツノザメは魚を見つけると、網を裂いて大きな穴をあけて魚を食べてしまった。しかし月明りが弱くなってプランクトンのランプが明るくともると、もう魚はかからなかった。

ある朝早く、サバの群れは東へ移動した。スコムバーは頭上に細長い形の影を見た。それは海流が運んできた丸太の影だった。数匹の小さな魚が銀色のうろこを光らせながら影の縁のほうに泳いでいって丸太を調べていた。丸太はノバスコシアから南へ向かっていた材木運搬船の積荷の一部で、コッド岬の海岸沖を吹いている北東の強い風に運ばれてきたのである。貨物船は沿岸を運航し全力をつくして南下していったのだが、かなりの丸太が海風で海に落とされ、岸に向かって流されてしまった。丸太は嵐が弱まると沖に運ばれていくものもあり、大きな潮の流れにつかまえられて漁場のまわりを時計のようにぐるぐるまわっているものもある。魚にとって大洋をただよっている大きな丸太は、海がもたらした唯一の隠れ場である。そこで、スコムバーは丸太の下にいる魚たちの小さな群れに加わった。彼は自分が小さかったとき、釣り船の桟橋や港に停泊する船の影が、カモメやイカ、自分を餌にしようとする大きな魚たちの攻撃から安全に守ってくれたときの感覚を思い出したとたんに、大きなサバの群れには関心がなくなってしまった。スコムバーが丸太の下にいる魚たちにまざると、まもなく空を回遊していたアジサシが六羽、その上にとまった。丸太の表面には藻がついていてつるつるしていたので、アジサシは翼をぱたぱたさせ、細い脚で足がかりをさがしていた。前の日に、はるか北の海岸から飛びたったアジサシにとっては初めての休憩だった。アジサシは海から生活の糧を得ているのに海面に降りることをこわがっていた。アジサシにとっては、海面は勝手の違う場所で、好んでその繊細な体を休めたいと思うようなところではなかったのだ。

丸太の先端の下に上下にうねる波の丘が滑りこんできた。丸太の先端はゆるやかに空に向いたかと思うと波と波の谷間に滑り落ちた。丸太のゆれや回転に合わせて、小さな七匹の魚たちは丸太の下で泳ぎ、アジサシはいかだ乗りのように丸太を上手に乗りこなしていた。アジサシたちが海のまっただなかで休んでいるあいだに、丸太が彼らを本来の道すじの外に連れていってしまったとしても安心してくちばしで羽づくろいをしたり、頭の上に翼を高くのばして疲れた筋肉をゆるめたりしていた。なかにはいつのまにか眠りこんでしまうものもいた。

ウミツバメの小さな群れが丸太の近くに降りてきた。脚を軽やかにばたつかせ、翼をひるがえすと水面に優美な姿で舞い降りてきた。その鳴き声はかぼそい枯れ草の束がかさかさとゆれるような音で、まるでピットレル、ピットレル（ウミツバメの英名）と自分たちの名前を呼んでいるようだった。ウミツバメは死んで浮かんでいるイカを食べようとしてたくさん集まっている甲殻類をよく見ようとやってきたのだ。ウミツバメが集まるとすぐに、一キロも離れたところでパトロールをしていた大きなミズナギドリが急降下してきて、大きなさけび声をあげながら小さな鳥たちのあいだに突っこんできた。空にも海にも、その少し前までは鳥かげはほとんど見えなかったのに、彼の興奮した金切り声で二十羽もの仲間が急いで集まってきた。ミズナギドリは、水面に向かって羽ばたきながら、胸から猛烈に突っこんでいった。そこには小さな鳥たちを引きつけたイカが浮かんでいて、腹をすかしたウミツバメが集まっていたが、ミズナギドリは彼らを追い払ってしまった。最初にやってきたミズナギドリは、もうすでにイカをつかまえていて、仲間の挑戦にきいきいと鳴き声をあげていた。イカは丸呑みにするには大きすぎたけれども彼は呑みこもうと苦心していた。それはほんの一瞬でもつかんだ力をゆるめてしまうことを警戒していたからなのだ。

突然荒々しい鳴き声が風にのって聞こえてきた。濃い茶色の鳥がミズナギドリの群れの上をさっとかすめて飛んできた。トウゾクカモメだった。トウゾクカモメはイカをとったミズナギドリのあとをつけまわし、風の中に舞い上がってはうしろに宙返りをして彼らの上に急降下してきた。ミズナギドリは翼で空や水面を激しく打ちつけるように逃げまどい、トウゾクカモメを振り切ってイカを呑みこもうとしていた。突然、ミズナギドリはイカの大きな体を落としてしまった。すると水面に落ちる前にトウゾクカモメがそれをくわえた。獲物を呑みこんでしまうとこの盗賊は海のかなたへ飛び去っていった。一方、ミズナギドリたちは失敗したことですっかり怒ってぐるぐると空を飛びまわった。

夕方までに、ミズナギドリがいつも飛んでいるあたりを厚い霧が毛布のように広がって海上低くたちこめた。水面が金色に輝く緑色から灰色へと薄れ、暖かみのある色合いは消えていた。太陽が出ていないときは、小さな生き物たちはいつものように海底から浮上してきて海面近くにいる。するとそれを餌にするイカや魚が小さな稚魚たちといっしょにやってくる。

この霧は一週間陰鬱な天候が続くことの前ぶれだった。一方、サバは海面からずっと下で荒れた海にもまれながら過ごしていた。サバたちはいつもより深いところを泳いでいたのだったが、そこは大陸棚から深く落ちこんだ谷間ではなく、大海原にとってはまだまだ浅いところだった。その週の終わりごろ、サバは谷間の外縁にたどりついた。そこには海底の山々が海岸沿いの海と深い大西洋の境目に連なっていた。

秋の嵐がおさまり太陽がふたたび輝きはじめると、サバは海面でまた餌を食べようと暗い海底から浮き上がってきて海底山脈の高い峰を越えていった。海面には大きな波がうねっていたが、くだけてはいなかった。若いサバにとってこのうねりは気持ちが悪かったので、彼らは向きをかえ深く静かなところへと潜っていった。

生後一年たったサバが二十四ほど暗い崖に沿って泳いでいた。そこには、はるか永劫の昔にえぐられた深い峡谷があった。海底にある谷の岩壁のあいだには緑色の海が流れこんでいた。日光が透明な水を通してさしこんできて、崖のけわしい壁に濃紺の影を落としていた。またその光は岩棚のそこここに生えている明るい緑色の海藻の森を照らし、さらにその下のぼんやりとかすんだような深みの中でごつごつした岩の突端に明るい光を当てていた。

アナゴは崖の岩棚のひとつにすんでいた。岩棚は岩の中の深い割れ目とつながっており、ときおり、敵が向かってくると、アナゴはその中に隠れてしまう。谷をゆっくりと泳いでいたヨシキリザメが、太ったアナゴをとろうとして岩棚のほうへ向きをかえてきたり、イルカが岩壁沿いに遊泳しながら、岩棚をくまなくあさって、餌を求めて崖の穴をひとつずつさがしていたこともある。しかしだれもアナゴをつかまえることはできなかった。

アナゴの小さな目は魚の小さな群れのように光りながら岩棚に近づいてくるサバの姿をとらえた。アナゴは筋肉質の尾を洞窟の壁に押しつけ厚みのある体をちぢめた。サバたちは岩壁に並行してやってきたが、スコムバーは崖の壁のほうに向きをかえて、トビムシの小さな群れが細い岩棚の餌のかけらの中に浮いていないかどうかさがしていた。そのとき、アナゴはひそんでいた岩棚を離れて体を柔軟にのばすと広い水の中に飛び出していった。サバの群れは突然現れたアナゴに驚いて、すばやく散ってしまった。しかし、スコムバーはトビムシに気をとられていてアナゴに気づかないまま、すぐそばまでやってきてしまった。

崖の下では二匹の魚が全速力で競争していた。日の光を受けると虹色に光る紡錘形をした細身のサバと、太くて長い消防車のホースのような淡褐色で人間の背丈ほどもあるアナゴだった。崖にすむ小さな動物はみな、アナゴが敵だということを知っていて、アナゴが通ると海藻の茂みの中に大急ぎで逃げこんだり、岩の小さな穴に引っこんだりしていた。スコムバーは岩壁の溝をついたり、突き出した岩のあいだを上下しながら餌をさがしていた。最後に海藻の生えた狭い岩棚におりてそこにいた二匹のベラを驚かせてしまった。ベラは水を通してさしこんでくる日の光がちらちらとしている岩棚の縁でひれをふるわせていたが、びっくりして海藻の隠れ家に逃げこんでしまった。

スコムバーはえらぶただけは敏速に動かしていたが、じっとしていた。しかしそのとき岩壁に沿って流れている潮の流れが、アナゴのところにスコムバーを運んでしまった。大アナゴは崖のまわりを泳ぎながら、小さな魚が隠れているかもしれない岩の裂け目をうかがっていたのである。敵の匂いを感じたスコムバーはあわてて岩壁から離れてまた開けた水の中に戻り、海面に向かって上っていった。アナゴはスコムバーが身をひるがえすときのきらっとした光を見逃さなかった。向きをかえて追いかけようとスピードを出したが、あと少しのところで見失ってしまった。アナゴは岩棚や暗い海底の洞穴にすむ魚なので、開けた海の中は苦手なのである。そこで少しためらって速度をゆるめたそのとき、二十四ほどの灰色の魚が突進してくるのがアナゴの小さなくぼんだ目に入った。アナゴは本能的に向きをかえ、遠く離れてしまった自分の岩の裂け目に隠れようと急いだが、ツノザメの群れがアナゴに迫ってきた。常に貪欲で血の匂いを逃さないこの小さなサメは、アナゴを襲ってまたたく間にその太った体を八つ裂きにしてしまった。

ツノザメの群れはそれから二日間この海域をうろついていた。そして、サバ、ニシン、スケトウダラ、メンハーデン、タラといった魚を手当たり次第に獲物にしていた。二日目になると、スコムバーのいるサバの群れは危険を避けて、海中に連なるいくつもの丘や谷を越え、ずっと南から西に移動してサメの多い海域を離れた。

その夜、サバは小さな星の光があふれている海を渡った。その光は長さ二センチほどのエビの体にある発光体からのものだった。このエビは目の下に一対と、腹部と尾の体節の横に二列の発光器官をもっていた。エビが泳ぐときに尾を曲げると、背中側の光で周囲を照らすことになり、ねらっている小さなミジンコやエビ、泳いでいる巻具、それに単細胞の植物や動物などがよく見えてとりやすいのだろう。エビの仲間の多くは腕をのばしたり、毛の生えている脚で、集めた餌のかたまりをかかえこむようにして獲物をつかまえる。そこでエビの投げかける光についていくと、サバはたくさんの餌をたやすく見つけられて食べたいだけ食べることができるのだ。

夜明けの最初の光が水面の暗闇を薄めると、小さな海のランプは消えていった。日の出に向かってエビが泳ぎだすと、サバは自分のまわりが翼足類と呼ばれる小さな巻貝の大群であふれかえっていることに気づいた。日の出の光が水平に海面にさしているあいだは、それらの巻貝の群れがサバの目にはぼんやりと淡く青い雲のように見えた。しかし太陽が空に昇って一時間もすると光線は海の中にななめにさしこみ、水はまぶしいほどきらきらと輝く。それは巻貝の体が上等なガラスのように透明で繊細につくられているからなのだ。

その朝、何キロもの距離をサバは小さな巻貝の群れのあいだをかきわけるように泳いでいった。そして大きな口をあけて軟体動物の群れを飲みこんでいるクジラを何度も見かけた。サバはクジラにねらわれることはないのだが、それでもクジラの大きな黒い影から逃げだした。一方、巻貝のほうは何百万匹という数がクジラの餌になっていたが、自分たちを襲う怪物がなにものかは知らなかった。彼らはたえず餌をあさることに夢中になって海を平和にただよっていたが、おそろしい狩人の大きな口が彼らの上で閉じられるまでは気がつかないのだ。そして水だけはクジラの櫛板を通り抜けて滝のように流れ出ていった。

サバのスコムバーが巻貝の群れを過ぎて泳いでいると、大きな魚がきらっと光るのが下のほうに見えた。その魚が通ったあとには押しのけられた水が重くうねっているように感じられた。しかし、その魚はやってきたかと思うとまたすぐに視界から消えていった。そしてスコムバーにはまた、餌を食べている仲間のサバや泳いでいる巻貝類の小さくて透明な姿しか見えなくなった。そのとき突然、自分の下四、五メートルの水が泡立ち大きく乱れるのを感じた。そして仲間のサバが、群れの下側の縁からくずれ、あわてて上に向かって急いでいるのがわかった。十四もの大きなマグロが餌を食べているサバの群れに襲いかかった。マグロはまず自分より小さな魚の下に潜り彼らを海面へ追い上げるのだ。

マグロが泳ぎまわる魚たちのあいだに入ってくると、大変な騒ぎになった。魚たちは右往左往するばかりでどこにも逃げ道はなかった。マグロは魚たちをほとんど追い上げてしまい、彼らの下にはなにもいなかった。スコムバーは仲間といっしょに上へ上へと上がっていき、海面に近づくにつれて水の色はしだいに淡くなってきた。スコムバーは自分のうしろから巨大な魚が追いかけてくる鈍い水の振動を感じていた。そのスピードは小さいサバよりも速かった。二百キロもあるマグロがスコムバーの横を泳いでいる魚をつかまえようと彼のわき腹をかすめるのがわかった。そのときはもう海面に達していたが、マグロはまだ追いかけてきた。スコムバーは空中にはね上がったがまた水に落ちた。空中では鳥たちがくちばしでスコムバーをつついた。海面に水しぶきが上がっているのは餌を食べているマグロがいる証拠なので、カモメたちは大急ぎでやってきて待っていたのだ。そこには鳥たちのしわがれ声や金切り声が、水しぶきや魚が水に落ちる音とまざりあっていた。

スコムバーはもう長くはね上がることもできず、勢いがなくなり、疲れきって不器用に水面に落ちた。彼はかろうじて二度ほどマグロの口から逃れたが、自分の仲間が食べられてしまうのを何度も目にした。

サバやマグロには見えないが、東から高く黒いひれが近づいてきていた。先頭のひれの南東九十メートルのところに、背の高い人間の丈ほどの別の二つのひれが見えたかと思うとすばやく水面を切ってきた。オルカと呼ばれる三匹のシャチが血の匂いに引き寄せられてやってきたのだ。

しばらくして、スコムバーはあたりの水域がおそろしい地獄と化したことに気づいた。四メートルもあるシャチが狼のように集団で、いちばん大きなマグロを攻撃したのである。スコムバーはとにかく、大きな魚でさえも敵から逃れようとむなしくあわてふためいているこの場所から逃げ出した。

突然、スコムバーは小さなサバを追いかけるようなマグロがいない水域に出た。襲われていたマグロを除いて大きな魚はみなオルカの視界から消えてしまった。スコムバーがさらに深く降りていくと、海はまた静かでおだやかな緑色になっていった。そしてふたたび餌を食べている仲間のサバに合流すると、あたりを泳いでいる巻貝が水晶のようにきらめいていた。

第十二章　網あげ

その夜、海はいつもと違った蛍光色に燃えていた。たくさんの魚が海面近くで餌を食べていた。十一月の冷気は魚の動きを速め、魚の群れがぐるぐると水中をまわると、何百万という発光プランクトンを攪乱してまばゆいばかりに明るく輝くのだ。そのため月の出ていない暗闇でもあちらこちらで光のかたまりが行ったり来たりして海をともし、またしだいに消えていった。

サバのスコムバーが生後一年たった五十四匹ほどの仲間といっしょに回遊していると、暗闇のなかに銀色の光の針を散らしたように、大きなサバの巨大な群れがきらっきらっと光っているのが見えた。サバの群れはエビを食べていたが、そのエビはミジンコを追いかけていた。何千匹というサバがゆっくり潮の流れに身をまかせていた。サバのいるあたりがぼんやりと光っているのは、魚が動くたびに海にあふれている発光プランクトンとぶつかっているからである。

生後一年目のサバの群れは体の大きな魚の群れに近づくとすぐにいっしょにまざりあった。この群れはスムバーがこれまでに見たことのないような大きな群れだった。スコムバーのまわりは魚が折り重なるようにいて、上下左右、前にもうしろにも仲間が泳いでいた。

一般に体長二十センチから二十五センチの「タック」と呼ばれるぐらいになったサバは同じ大きさの仲間と群れをつくる。大きい魚と若く小さい魚の区別は、泳ぎの速さで決まるのだが、若い魚はゆっくりと泳ぐ。しかしこのときは大きなサバ――生後六年から八年たった重いもの――は全体にいつもよりゆっくりと泳ぎながらおびただしいプランクトンの群れの中で餌を食べていた。そこで、「タック」が自分たちのペースで泳いでいても、大きなサバとひとつの群れになれたのだった。

水の中のたくさんの魚の動き、大きなサバが暗闇のなかで向きをかえたり、突進するように勢いよくぐるぐるまわると、魚の体がプランクトンから借りた光できらきらっと光り、そのなかで一年魚たちは緊張と興奮に満ちていた。しかしあまりにも餌を食べるのに夢中になっていたために、大きいサバも小さいサバも一条の光が頭の上を通りすぎたことに気づかなかった。それは海面近くを巨大な魚が通ったあとの水のゆらめきのようでもあった。

海の上で休んでいた鳥たちは、鈍く重たい振動で夜の静けさが破られるのを聞いた。かなり深く眠っていた鳥も、動きまわる船にぶつかる寸前に水から飛びたった。しかしフルマカモメの驚きのさけび声もミズナギドリの翼のするどい羽ばたきも、水中の魚へ警告の合図を送ることはできなかった。

「サバだ！」とマストの上の見張り番が叫んだ。

エンジンの音がわずかに聞きとれる鼓動のように低くなった。十二人の男がサバの引網船のともから身をのり出して暗闇のなかをのぞきこんでいた。引網船には明りがついていなかった。つけると魚をおどかしてしまうからであろう。あたりは真っ暗で空と海との見分けがつかないほど厚いベルベットのような暗闇がたれこめていた。

しかし待てよ。あのあたりに光がちらちらしていなかっただろうか？　左舷の前方に青白い幽霊のような炎が見えはしなかったか？　もしもその光が暗闇のなかにしだいに消えていき、海がなにごともなかったような暗黒に戻ったとすれば、そこに生き物はいないことになる。しかし光はふたたび現れ、風にゆれるともしたばかりの炎のように、あるいは両手で風を防いでいるマッチの炎のようにきらきらした光がかきたてられていった。それは暗闇のなかに広がり、とらえどころのない輝く雲のように海のあちこちに移動していった。

「サバだぞ！」船長はしばらくのあいだ、光を見つめていたが繰り返した。「耳を澄ませ！」

最初は船べりをたたくやわらかい水音以外なにも聞こえなかった。海鳥が暗闇を飛びかい、マストにぶつかっておびえた声で鳴きながらデッキに落ちてきたが、やがて羽ばたいて飛び去っていった。

ふたたび静寂がおとずれた。

そのとき、かすかだが間違いなく水面を打つスコールの音のようなパタパタという音が聞こえてきた。それはサバの大群が水面近くで餌を食べている音だった。

船長は網をおろすよう命令を下すと、みずからもマストに登って手順を指示した。船員はそれぞれ持ち場についた。親船の右舷の帆げたに結びつけてあった引網船に十人が乗りこみ、二人は平底船に入って引網船のうしろで網を引いた。エンジンの振動音が大きくなった。海の中で輝いているかたまりのまわりをとり囲むように漁船は大きな輪を描きながら移動しはじめたのだ。そうすることは魚の動きを静め、彼らを小さな範囲に寄せ集めることになる。引網船は三度、魚の群れのまわりをめぐった。二度目は一度目より、三度目は二度目より、というぐあいにそれぞれ輪をせばめていった。海の中の光は明るさを増し、光の斑点はますます中心に集まってきた。

群れの周囲を三周したあと、引網船の船尾にいた漁師は船底に積んである三百メートル以上もある網の一方の端を平底船にいる男に渡した。その夜はまだ一度も魚をとっていなかったので、引き網はまだ乾いていた。平底船にロープを渡すと漁師は引網船を後退させた。平底船はまたエンジンをかけ、引網船をロープで引っぱりはじめた。さて、引網船と平底船のあいだが広がると、網は大きな船腹に沿ってするすると水の中にすべりこんだ。コルクの浮きのついた網が三隻の船のあいだの水面にのびていた。網の垂直なカーテンはコルクから三十メートルの深さにまでつり下げられ、網の下の端には鉛の重りがついていて水の中で動かないようになっていた。コルクの浮きの並ぶ網は弓形から半円形を描き、さらにぐるっとまわって円形に仕切り、直径百二十メートルのかこみにサバを寄せ集めた。

サバの群れは不安になり落ち着きがなくなった。群れの外側にいたサバは自分たちの近くになにか大きな生き物がいるような重苦しい動きに気づいた。大きなものが水をかきわけて通っていった水の動きを感じたのだった。彼らのなかには群れの上のほうに銀色の細長い卵型の生き物が動いているのを見たものがいる。その横には二つの小さなものが前後につらなって動いていた。その姿は二匹の子どもを横に連れている母クジラのようだった。群れの端で餌を食べていたサバは、この奇妙な怪物を恐れて群れのまん中に入りこんだ。あたり一面、餌を食べている魚の大きな体が群れているなかを、そのサバは向きをかえ群れの中に突っこんでいった。そこでは大きな光る物体は見えないし、おそろしいものが通りすぎるときの波のうねりも何千というサバが泳ぎまわる律動のなかに消えてしまっていた。

もう一度海の怪物が彼らの餌さがしに回遊しはじめると、小さな物体のひとつは大きなほうについていった。もう一方のものはサバたちの頭上でただよっていたが、長いひれか水かきのようなもので水をはね上げていた。引網船は親船の広くて輝く航跡のわきで水中にゆれる炎のなかに小さな筋をつけながら動いていたが、その船尾から網を放りこんだ。網はするすると水中におりていくにつれて光のシャワーのようにちりばめられている輝きをかきたて、青白く明滅して薄いゆれるカーテンのようにたれ下がった。それは、発光プランクトンがすでに網に集まってきていたからなのだ。魚たちは網の壁を恐れた。太い糸で囲まれた弓形の壁が大きくゆれながら、少しずつ輪をちぢめてきて、サバはより狭いところに集められ、群れに分かれていたものも、網の中に詰めこまれてしまった。

どこかの群れの中央にいたスコムバーは、自分のまわりに魚がふえてくる圧力をとまどいながら感じていた。そこでは光をまとったサバの体がまぶしくギラギラしていた。しかしスコムバーには網は存在していないも同然だった。彼にはプランクトンがきらきらしている網目も見えなかったし、自分の頭や腹がその太い糸でこすられることもなかったからである。群れの中の不安が魚から魚へと電気のような早さで伝わった。輪のあちこちで網に突っこんだり、右往左往して逃げまどう魚で群れはパニックにおちいっていた。

引網船にいるひとりの男は、まだ海に出て二年しかたっていなかった。彼は自分の仕事に旺盛な好奇心を抱いていた。彼の好奇心は海面下にいる生き物たちに向けられていた。彼はときどき甲板の上の魚や船倉に氷漬けになった魚を見て、サバのことを考えていた。サバの目はなにを見ているのだろう。自分がまだ見たことのないもの、行ったことのないところを見ているのだろうか。サバが海の中でたくさんの残忍な敵からのたえまなく危険な攻撃にさらされても生きぬいてきていることも、しかもそれらの敵は人間には見通すことができない暗い水の中をうろつきまわっているということも彼は知っていた。そのようなサバが最後には引網船に上げられて魚のくず肉でぬるぬるし、うろこがはりついている甲板の上で死を迎えるということは、彼にはなんともふさわしくないという気がしていた。しかし彼はしょせん漁師であり、いつまでもそんなことを考えている暇はなかった。

その夜、彼は水中に引き網を張って、網が沈んでいくときのきらきらした光を見ながら、その下で群れをなして回遊している何千という魚のことを考えていた。水面の暗闇のなかで魚が飛びはねるきらめきしか見えず、魚の姿は見えなかった。水中の花火は夜空を映す暗闇のなかに消え、彼は少し目まいがするようだった。彼は心のなかでサバが泳いできて網に鼻づらを突っこみ、あと戻りしている情景を思い描いていた。きっと大きなサバなのだろう。水中の光の筋がその大きさを暗示していた。やがてとけた金属のかたまりのように蛍光が集まってきた。それはサバが網にぶつかり驚いてあと戻りしながらぐるぐるまわっているのだということを彼は知っていた。もう網はすっかり閉じられていた。引網船は平底船と出会い、網の両端はいっしょになったのである。

彼は全部で百三十キロもある鉛の重りをたくさんつけたロープをおろす手助けをした。ロープはその重さにふさわしくじょうぶで、それを海にすべりおろして引くと網の口が閉じるようになっていた。男たちが長いロープを強くたぐりはじめた。彼は網の底をくぐって逃げる道を見つけることもできないでとらえられるサバのことを思い描いていた。彼は水の中を下に下にと沈んでいく重りのことも考えていた。ひとつひロープはその中を通っていたのでロープが引かれるとその輪は寄せ集まって網の底の口はちぢまってきた。だが逃げ道はまだ開いている。

魚が神経質になっているのが彼にはよくわかっていた。海面近くで魚が光るすじは何百という流れる彗星のようだった。魚のかたまりの輝きは暗くなったり、また炎のように明るくなったりしていた。彼にはそれが天空の溶鉱炉の火のように思えた。そして海面からはるか深いところが見えるような気持ちがした。そこでは重りがロープに沿ってリングを前へと押していき、ぴんと張ったロープが網のゆるみをもち上げ、魚は網に追いこまれたがまだ逃げる方法はあった。彼には大きなサバの動きがしだいに激しくなっていくのが想像できた。網から逃げ出すにはサバの群れはあまりにも大きかった。しかしサバのリーダーは常に群れが分かれることを好まなかったので、深いほうへ群れを導いていくことはほぼ確実だった。たしかに大きな網は海底にまだ届いていなかった。そこでリーダーはせばまっていく網の輪を通って海底に向かってまっすぐに潜り、群れ全部を導いていった。

彼は船べりから離れ、引網船の船底の湿ったロープの山に手をのばした。そこに積み上げられているロープを手さぐりでさわりながら——つまり暗くてなにも見えないのだ――網の底がすぼまるまでにどのくらいのロープが巻き上げられてくるか予想していた。

すぐうしろで男の叫び声がして彼は水面を振り返った。網の輪の中の光は明滅しながら薄れ、夕暮れの残照のようになったかと思うと真っ暗になった。あの魚たちが海底に達したのだ。

彼は船べりから身をのり出して暗い海の中で光が薄れていくのを見つめながら海面下で何千匹ものサバが先を争って海底に向かって突進していく様子を思い描いた。彼は急に網を引いているロープにつかまって三十メートル下の海に潜っていきたくなった。魚の群れが流星のきらめきのように全速力で泳いでいる姿はどんなにかすばらしい眺めだろう！　三百メートル以上もある網を全部船にたぐり上げるというびしょぬれの長い作業が終わったときはすでに手遅れだった。漁師たちの重労働は無駄骨になってしまったのだ。それはサバたちが無事であったことを意味していた。

網の底をくぐり抜けるという大混乱のあと、サバたちは海の中に広く散らばっていった。その夜は、どの魚も引き網のおそろしさを味わうことにほとんどの時を費やされてしまったので、サバは小さな群れに分かれてふたたび静かに餌を食べていた。

夜が明ける前に、この海域で夜じゅう漁をしていた引網船の多くは暗闇のなかを西に向かって消えていった。一隻だけ残っているのは一晩じゅう運が悪く、六回も網をセットしながら水深をはかりそこねて五回も魚を逃してしまった船だった。その日の朝、東の空がしらみはじめ、暗い水面が銀色の光で明るくなってくる海で動いているものはこのたった一隻の船だけだった。この船の漁師たちはもう一度網をおろし夜半の漁で深いところに沈んでしまったサバが、日の出とともに海面に上がってくるのを期待して待ちうけていた。

刻一刻と東の空は明るさを増し、親船の高いマストと甲板室も見分けられるようになった。朝の光は親船にしたがっている引網船の船べりにもさし、海水にぬれて黒くなっている網の山に吸いこまれてしまった。朝日は低い波の峰で輝き、暗い波の谷間に消えた。

二羽のミツユビカモメが薄明りのなかから飛んできてマストにとまり、引き上げられた魚がより分けられるのを待っていた。

南西四百メートルほどの海面に黒くて不規則なまだら模様が現れた。サバの群れがゆっくりと東に移動しているのである。

すぐに親船はサバの群れの前を横切る方向に進路を変更した。すばやく引網船を移動させ群れのまわりに網をおろし、ものすごい早さで引き締め、ロープの重りを投げこみ、そしてロープをたぐり上げると網の底が閉まった。男たちは少しずつゆるんだ引き網を巻き上げ、網がいちばん重くなっている中心部分に魚を追いこんだ。親船が引網船に横づけになってふくらんだ網のかたまりを大急ぎで受け取った。

ふくらんだ網は船の横腹に三つか四つまとまってコルクのついたロープでしっかりとくくりつけられ浮いていた。網の中には何トンものサバが入っていた。ほとんどが大きな魚だったが、二百匹ほどの「タック」と呼ばれる中ぐらいのものと、ニューイングランドの入江で夏を過ごし、ようやく最近大洋に出てきたばかりの一年魚がまざっていた。そのなかにスコムバーがいた。

漁師たちは長い木の柄のついたひしゃくのような形をしたたも網を上にもってきて魚たちが大混乱しているなかに突っこみ、滑車で引き上げて甲板の上にあけた。百匹あまりのしなやかで肉づきのよいサバが甲板でばたばたすると、薄いうろこが空に舞い、虹のような霞がかかった。

しかし網の中の魚の動きがなにかおかしくなってきた。魚たちが網の底のほうからわきあがってきて、ほとんどはねるようにしてたも網にぶつかってくる様子はなにか異常だ。ふつう、網が引き上げられるとき魚は網の底に向かって、深いところに沈んでいこうとするものだ。しかし、この魚たちは水中のなにかにおびえていた。水面の大きな船よりも水の中で彼らのすぐ近くにいるなにか怪物のようなものを恐れていた。引き網の外の海に、おそろしい邪魔ものがいたのだ。小さな三角形のひれと長い葉のような尾が水面を切って近づいていた。突然、網のまわりに数十ものひれが群がったかと思うとそれは長さ一メートルほどのスリムで灰色をしたツノザメだった。その口は鼻先の先端から少しうしろに下がったところについていて、コルクのついた網を突破してサバのなかに突っこみ、すさまじい勢いでかみついた。

ツノザメの群れは腹をすかしていて、強い力で網を破り、中にいるサバを食べるのに夢中になっていた。かみそりのようにするどい歯は頑丈なロープをまるでガーゼのように引き裂いたので、網には大きな穴があいてしまった。コルクつきの網で囲まれたところでは魚たちが渦巻きながらわきたってきた。はねる魚、かみつく歯、サバの緑色とツノザメの銀色がきらめき大混乱となった。それは言葉では言い表せないような混乱の一瞬だった。

すると突然、わきあがっていた渦巻は沈んでしまった。大混乱はあっという間におさまって、サバは引き網にあいた穴からなだれを打って出ていった。そしてよぎる影のようにすばやく海の中へ消えていった。

引き網と襲ってきたツノザメの攻撃から逃れたサバのなかには、生まれてまだ一年のスコムバーもいた。その日の夕方、大きな成魚にしたがって抑えきれない本能の命ずるままに、刺網と引網船が頻繁に出入りする海域に向かって何キロも回遊していった。スコムバーは水面下のかなり深いところを移動していたが、すでにそのときは夏の青白い水は忘れ去り、新しく未知の海の道に沿った深緑色の海を泳ぎながら、たえず南西に向かって移動していった。スコムバーはいままで知らなかったところ、バージニア州沖の大陸棚の端に沿った、深く静かな海へ行こうとしているのだ。

そこではやがて、冬の海がスコムバーを迎え入れるのだ。

三部

川から海へ
——生命の回遊

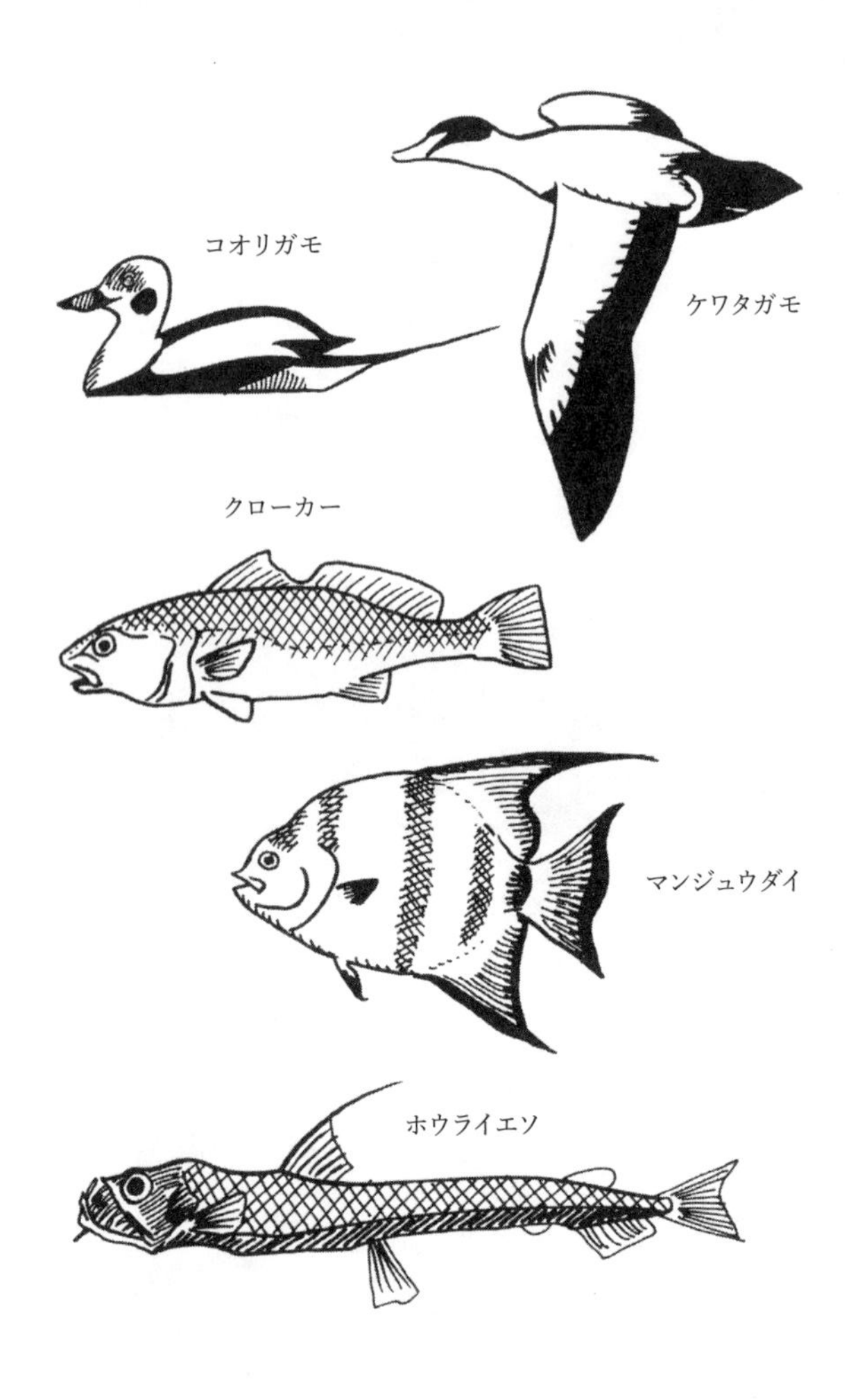
コオリガモ
ケワタガモ
クローカー
マンジュウダイ
ホウライエソ

第十三章　海への旅

丘の麓に池があった。丘にはナナカマド、クルミ、ヒッコリー、ツガなどのたくさんの木の根がからみあって根を張り、やわらかいスポンジのような深い腐葉土の中にはたっぷりと雨水を蓄えていた。池には二本の小川が流れこんでいるが、この水はずっと高い地域に降った雨が地上を西のほうへ流れてきて丘の岩肌の溝をつたってやってきた水だった。水辺のやわらかい泥の中にはガマやアシ、イグサ、ミズアオイなどが根を張って立っていて、丘の裾に近い岸辺ではこれらの植物が水の中にまで生えていた。池の東岸に沿った湿地にはヤナギが生え、そこでは池からあふれた水が草におおわれた水路を海への道をさがして流れ出していた。

池のなめらかな水面に、ときどき波の輪が広がるのは、ハヤ、ウグイなどの小魚が水と空気との境目である水面を鼻づらでちょっとつつくときである。アシやイグサのあいだをいそがしく動きまわる小さな水生昆虫も水面にさざ波を立てている。この池はサンカノゴイ（サギ科の鳥）の池と呼ばれていた。春になると必ず恥ずかしがり屋のサギが数羽やってきて岸辺のアシの中に巣をつくる。サンカノゴイはガマの茎につかまってゆれながら草むらの光と影が交差するなかに隠れて、奇妙なとぎれとぎれの声で鳴いている。その声は人間の耳には姿を見せない池の精の声に聞こえるかもしれない。

いま、一匹の魚がこのサンカノゴイの池から海に出るまで三百キロも泳いでいこうとしている。はじめの五十キロは丘陵地帯を流れる細い川は、やがて海沿いの平野の百キロほどを蛇行しながらゆっくり流れ、そして終わりの百五十キロは何百万年も前に海が入りこんできて海水のまざった浅い入江を通り、やがて潮の干満のある河口で旅を終えるのだ。

毎年春になると、たくさんの小さな生き物が海から三百キロもの旅をして草におおわれた水路をさかのぼりサンカノゴイの池まで入ってくる。その生き物は人の指よりも短く細いガラス棒のような形をしている。彼らは深い海で生まれたウナギの稚魚、シラスウナギなのだ。彼らのなかには丘陵地の高いところまでさらにさかのぼっていくものもいるが、多くのものは池に残り、そこでザリガニやゲンゴロウなどの水生昆虫、カエルや小魚を食べて成魚になるのである。

季節は秋だった。そして一年も終わりに近くなった。月が三日月から半月になるころ、雨が降った。そして丘の小川はあふれ、池に流れこむ二つの川は水かさを増し、流れは速くなってきた。水は川床の岩に激しくぶつかりながら海へと急いでいるかのようだ。大量の水が池に流れこんだために深い水底までかきまわされて、水草の林を押し流し、水はザリガニの穴に渦を巻き、岸辺のヤナギの幹を十五センチもはい上がったのだった。

夕暮れになると風が吹きだした。風は吹きはじめは静かにベルベットのようになめらかに池の水面をやさしくなでていたが、夜が更けるにつれて強くなって、イグサを荒々しくゆり動かし、草むらの枯れた穂や莢(さや)をからからと鳴らしながら池の水を泡立たせていた。風は丘の上からカシやブナ、ヒッコリー、マツの林の上を越えて吹きおろしてきた。そして東に三百キロ離れた海に向かって吹いていくのだ。

ウナギのアンギラは池からあふれ出てほとばしる水の匂いをかぎつけた。ウナギのするどい感覚はいつもと違う水の味や匂いを感じとった。そこには枯れ葉や雨にぬれ、まもなく散っていく秋の葉、森のコケ、地衣類、根を支える腐葉土などのほろにがい味や匂いがたっぷりふくまれていた。水はウナギの上を通りすぎて海への道を急いでいった。

アンギラがサンカノゴイの池に入ってきたのは十年前、指の長さほどのシラスウナギと呼ばれる稚魚のときだった。彼女はこの池でいくたびも春夏秋冬を過ごし、日中はミズアオイの茂みに隠れ、夜になると餌を求めてうろつきまわった。アンギラも多くのウナギと同じように夜行性なのだ。アンギラはこの沼の泥の土手にザリガニの穴が蜂の巣のように掘られているのをよく知っていた。彼女はまたしなやかなコウホネの茎がゆらゆらするあいだを泳ぎながら、厚い葉の上のどのあたりにカエルがいるかも、ジュウジアマガエルが草の葉にしがみついて夢中になって甲高い声で鳴いているのをどこで見つけられるかも、そして春になると池の水が草におおわれた北側の岸からあふれ出す場所も知っていた。また彼女は水辺のネズミたちがチューチュー鳴きながら走りまわって遊んでいたり、ケンカをして取っ組み合いをしている岸辺を見つけることもあった。ネズミたちはときどきしぶきをあげて水の中に落ちるので、身をひそめているウナギにとっては格好の獲物となった。さらにアンギラは池の底深くにやわらかい泥のベッドがあって、冬になるとそこに潜っていれば寒さから守られるということを知っていた。彼女もほかのウナギのように暖かいところが好きだったのだ。

さて、秋がふたたびめぐってくると、池の水は遠い丘陵地帯の分水嶺から流れてくる冷たい雨水で冷たくなってきた。ウナギのアンギラは妙に落ち着かなくなった。おとなになってから初めて餌を追いかける空腹感も忘れてしまった。池にいると奇妙な新しい欲望のようなものがわいてきて、とらえどころがなくなんとも気分が悪いのだ。かすかに感じている目的地は、暖かく暗い場所で、サンカノゴイの池をおおう闇よりももっと暗いところだった。彼女はそのようなところにかつて一度行ったことがあった。生命のほんの始まりのとき、記憶のないころである。彼女は池が流れ出ていく向こうにある道を覚えていなかった。そこをやっとはい上ってきたのはもう十年も前のことだったのだから。しかしその夜は、風と雨が水面をたたき波立たせるとアンギラは池からあふれた水が海へと流れ出ていく水路にあらがいがたい力で引きつけられていった。そして丘の向こうの農家の庭でおんどりが暁のときを三度告げるころ、アンギラは流れに身をまかせて海へと下っていった。

洪水のときでも丘陵の流れは浅いので、この日のようにあふれ出したばかりの流れはごぼごぼと、またちょろちょろといろいろな音をたてて石に当たる音や石と石がこすれあう音でにぎやかだ。アンギラは流れの中で、速い水流に身をまかせていた。彼女はもともと夜と闇の生き物なので、暗い水の流れにとまどったり怖がったりすることはなかった。

川は石がごつごつしている川底を流れて八キロのあいだに標高差三十メートルまで下っていった。それから二つの丘のあいだに滑りこんで何年も前に別の大量の水流によって掘られた深い溝に沿って流れていった。丘はカシ、ブナ、ヒッコリーなどにおおわれていて、流れはそれらのからみ合った枝の下を先を急いでいった。

夜明けとともに、アンギラは流れが細い砂利やくだけた岩の上で激しく泡立っている明るい浅瀬にやってきた。流れは急に速さを増し、高さ三メートルの滝に吸いこまれ、垂直な岩壁に沿って滝壺に落ちていった。激しい水の流れはアンギラを、急な傾斜にかかる白い水の薄いカーテンをつたって滝壺へ運んでいった。滝壺は深く静かで冷たく、岩は何世紀ものあいだ、落ちてくる滝に打たれてまるくなっていた。岩肌には黒いミスゴケが生え、シャジクモは沈積した土に根を張って石から吸い取った石灰質をまるくてもろい茎にとりこんで繁茂していた。アンギラは滝壺のシャジクモのあいだに身をひそめて太陽の光を避ける場所をさがしていた。それは明るくて浅いこの流れはいまや彼女を寄せつけなかったからなのだ。

彼女が滝壺の中で一時間も過ごさないうちに、もう一匹のウナギが滝を越えてやってきて深くて水草の生い茂った真っ暗な水底をさがしていた。このウナギは丘の高いところから下ってきたので、上流の浅い流れを下るうちに岩にぶつかって体じゅう傷だらけになっていた。新参者のウナギは成熟するまでにアンギラより二年以上も長く淡水で暮らしてきたので、大きくさらに力が強かった。

サンカノゴイの池ではここ数年のあいだ、アンギラがいちばん大きなウナギだったので、彼女は見慣れないウナギを見にシャジクモをかきわけて潜っていった。シャジクモの石灰質のかたい茎をゆり動かしながら進んでいくと、一対の節のある脚で足場を確保して毛並をととのえながらシャジクモにしっかりとしがみついている三匹のフウセンムシを驚かしてしまった。この昆虫はシャジクモの茎にはりついているチリモやケイ藻類の膜を食べていたのである。フウセンムシはきらきら光る空気の衣をまとっていたが、彼らは水面から飛びこんでくるときに泡をつけて降りてきたのだ。そしてウナギが通りすぎながら彼らを静かな停泊地から追い出すと、彼らのバラの花のような泡は水より軽いのでいっしょに浮き上がってしまった。

節のある六本の脚に支えられ、小枝のような体の昆虫が水に浮かんだ木の葉の上を歩き、じょうぶな絹の布の上を動いているかのように水面を滑っていく。その脚は水面に六つの小さなくぼみをつけはするが決して沈まない。彼らの体はそれほど軽いのだ。この虫はアメンボで、この仲間は湿地の深いミズゴケの中で生活していることが多い。アメンボは、ボウフラや小さな甲殻類が池の中から浮き上がってくるのをさがして食べていた。フウセンムシがアメンボの足もとに浮き上がってきて顔を出したりすると、この小枝のような昆虫は口からするどい剣のような針を突き出して刺し、フウセンムシの体液を吸う。するとこのフウセンムシの小さな体はひからびてしまうのだ。

アンギラはもう一匹のウナギが、滝壺の底に厚く積み重なっている落葉の絨毯の中に潜りこんだのを感じとったので、滝のうしろの暗いくぼみに帰っていった。彼女の頭上のけわしい岩肌はやわらかいコケにおおわれて緑色だった。コケは滝の水が直接当たらないようなところに生えていたけれども滝の細かい霧でいつも湿っていた。春になるとブヨがやってきて卵を細い白い糸で紡いでぬれた岩の上に産みつけた。やがて卵がかえると薄い紗のような羽をもったブヨは滝から群れをなして現れてくる。こうして出てくるブヨたちを滝におおいかぶさるようにたれ下がっている枝にとまって、目のパッチリした小さな鳥がじっと見ていた。そして口をあけてブヨの大群の中に突っこんでいった。ブヨが行ってしまっても、水に浸った緑色のコケの茂みにはまだほかの生き物がすんでいた。カブトムシ、ミズアブ、ガガンボの幼虫などである。彼らの体の表面はなめらかでかぎ爪やとがった口はなく、平たい流線型のその形は頭上の滝からの激しい流れや、滝壺から数メートルも離れた川床に水が渦巻いているようなところでも生きていけるようになっているのだ。彼らは滝壺に垂直に流れ落ちる水のベールからたった数十センチしか離れていないところに暮らしているのだが、速い流れとその危険性についてほとんど知らなかった。彼らの平和な世界では水は緑のコケの森を通してゆっくりしみ出てくるのだから。

二週間前に雨が降り、すばらしい落葉が始まった。一日じゅう、森の高い梢からたえまなく葉は地上に散り敷いていた。葉は静かに音もなく散り、はらはらと地面に落ちる音は、ネズミやモグラが腐葉土の中をカサコソと走りまわるかすかな音よりも静かだった。

ハネビロノスリが一日じゅう、丘の尾根に沿って南へと飛んでいった。彼らは大きく広げた翼をほとんど羽ばたかせないで西風が丘にぶつかり上に向きをかえた上昇気流にのっていくのだ。ノスリの秋の渡りはカナダからアパラチア山脈に沿って南下してくるが、それは飛翔をらくにするために山の気流にのるためなのだ。

夕暮れになるとフクロウが森の中で鳴きはじめた。アンギラは滝壺を離れて孤独な下流への旅を続けた。まもなく流れはゆるやかに起伏する田園地帯へと入っていった。その夜二回、アンギラは小さな水車用の堰に落ちて淡い月明りのなかで白く光った。二つ目のダムの下のまっすぐな流れの中で、アンギラはしばらく流れにおおいかぶさっているような上手のかげに体を休めた。そこは川の速い流れが、びっしりと草の生えた川岸の土をえぐり取っているところだった。ダムの斜面の上を流れるするどいさーっという水音に彼女はおびえていた。土手のかげに横たわっている彼女のように、滝壺でアンギラといっしょに休んでいたあのウナギは水車用の堰を通って下流へと流れていった。アンギラもついていった。彼女は流れにたたきつけられたり、浅瀬を荒々しく押し流されたりしながら、少し深い、まっすぐな流れへと滑り落ちていった。するとまわりには黒い影がいくつか動いていることに気がついた。それらは別のウナギたちで高い丘陵地帯を流れるたくさんの支流から集まってきたものだった。そしていろいろな長さの細長いアンギラの仲間のウナギたちは急流に身をまかせて通過していった。移動してくるウナギはみな卵をもっていた。ウナギは雌だけがもろもろの海を思い出させるものを越えて淡水の川を上流までさかのぼってくるからなのだ。

その夜、流れの中で動いているのはウナギだけだった。流れはブナの林に入るとするどく曲がって川底を深くさらっていった。アンギラが、この弧を描く淵を泳いでいくと、水から半分顔を出し倒木の幹のそばの水底に隠れていた数匹のカエルがやわらかい泥の土手から飛びこんできた。カエルは毛皮をまとった動物が近寄ってきたのに驚いて飛びこんだのだ。その動物、アライグマはやわらかい泥の上に人間と同じような足跡を残し、ほのかな月明りのなかに、小さな黒い顔と黒い縞模様のある尻尾が見えていた。このアライグマはブナ林の少し高いところにある穴にすんでいて、川のカエルやザリガニをつかまえては食べていた。アライグマはカエルに近づいたときに水をはねかけられてもあわてることもなく、おろかなカエルがどこに隠れているかを知っていた。アライグマは倒木の上を歩いてきて腹ばいになると、後脚と左前脚の爪を木の皮にたてて幹をしっかりつかんだ。それから右前脚を水中にできるだけのばして細い指先をいそがしく動かして幹の下の落葉や泥の中をさぐりだした。カエルは落葉や小枝など流されてきたものが積み重なった中にもっと深く隠れようとした。アライグマは忍耐強く、指で落葉をかき分けながら水底の穴や石のすきまをたんねんにさぐっていた。まもなくアライグマの指先は小さくて引き締まったカエルの体に触れた。カエルはすばやく逃げようとしたが、アライグマはしっかりとカエルを握って倒木の上に引き上げた。そこでカエルを殺してから流れの中に浸していねいに洗って食べてしまった。彼が食事を終えるころ、月明りの岸辺に三つの黒い顔が現れた。彼らは夕食をさがすためにそろそろと木から降りてきたアライグマの連れあいと二匹の子どもたちだった。

ウナギの習性で、鼻先を倒木の下に沈んでいる落葉の山に突っこんでさがすと、カエルの恐怖はさらに大きくなったが、アンギラは池にいたときのようにカエルを追いかけることはしなかった。それは彼女が川の流れそのものになるというもっと強い本能のために、空腹を忘れてしまっているからなのだ。アンギラが流れの中央に滑りこんでいくとき、倒木の先端を通りすぎた。そこでは二匹のアライグマの子どもと母アライグマが倒木の幹の上を歩いていた。そして四つの黒い顔は水面をじっと見つめながらカエルの池で漁をする準備をしているところだった。

朝になるとアンギラの泳いできた川は、幅が広がり深くなった。水面は静かな鏡のように、スズカケやナラ、ミズキの明るい森の姿を映していた。川は森を通り抜けながら色とりどりの葉を運んできた。明るい赤色をしてパリパリと音をたてる葉はナラ、緑と黄色がまだらになっているのはスズカケ、鈍い赤色で皮のような葉はミズキの葉である。強い風が吹くとミズキは葉を散らしていくけれども、深紅色の実はしっかりと残っていた。昨日はコマツグミたちがミズキに群がって実を食べていたが、今日はもう南へ飛んでいってしまった。その場所にこんどはホシムクドリが木から木へと風のように通りすぎ、いろいろな声で鳴きかわしながら実のついた枝をすっかり裸にしていった。ホシムクドリは明るい色の新しい冬羽になり、白くて槍のように先のとがった胸羽をもっていた。

アンギラがやってきたこの浅い池は十年ほど前の激しい秋の嵐で根こそぎにされたナラの木が倒れて流れをせき止めてできたものだ。アンギラが十年前の春、稚魚として海から川をさかのぼったときにはこのナラのダムも池もできたばかりで水も流れていて新しかった。それがいまでは水草、泥、枯れた小枝などいろいろなものがどっしりした倒木の幹のまわりに厚く沈積し、すきまを全部埋めてしまったので川の流れは六十センチもの深さにせき止められていた。満月のあいだ、ウナギはナラのダムに身を沈めていた。明るい月明りの川を旅するのは太陽のもとの旅と同じように不安だったからである。

池の泥の中にたくさんの細長いミミズのような形の生き物が穴を掘って潜っていた。ヤツメウナギの稚魚だ。ヤツメウナギはウナギに似た魚で、その骨格はかたい骨のかわりに軟骨で、歯が点在するまるい口をもっている。あごがないのでその口はいつもあいていた。このヤツメウナギたちは四年ほど前にこの池に産みつけられた卵からふ化したもので、ほとんど浅い川底の泥の中で目も見えず歯もない生活をしてした。数年たって稚魚が十センチぐらいまで成長すると、秋には成魚の姿にかわる。そして初めて自分たちが生きてきた水中の世界をその目で見るのである。それからほんもののウナギのように海へ続く静かな流れを感じとり、何かにせきたてられるように流れにのって一時的な海での生活を過ごすために塩水を求めておりていく。海では彼らはタラ、サバ、サケ、そのほかいろいろな魚に半分寄生する生活をして餌を食べているが、時が来ると川へ戻ってきて、親と同じように卵を産み、そして死んでいくのだ。毎日何匹かの若いヤツメウナギが倒木のダムを越えて滑り落ち、雨が降ったり霧が渓谷にたれこめているようなくもった夜、ウナギのあとについていった。

次の夜、アンギラはヤナギが生い茂っている島をはさんで川が分岐しているところに来た。ウナギたちは島をまわる南側の水路に沿っていくと、広い平らな泥の川底に出た。流れは本流に合流する前に沈泥という荷物をそこに置いていくのだ。その泥が何世紀ものあいだに積み重なり、草木が根を張っていった。木々の種子は水と鳥が運んできた。ヤナギは洪水のときに流されてきた折れた枝から芽をふいた。そうして島が生まれたのである。

ウナギが本流に近づくにつれて水はだんだん灰色になってきた。川底まで四メートルもの深さになり、たくさんの支流から秋の雨で増水した水が流れこむために濁っていた。ウナギは日中でも暗い水底を恐れることはなかった。彼らが恐れるのは浅くて明るい丘陵地帯の川なのだ。そこでこの日は休むことなく下流へと進んでいった。川にはほかの支流から下ってきたウナギがたくさんいた。その数が増えていくと、ウナギの興奮はしだいに高まっていった。そして日がたつにつれて彼らはほとんど休まずいっきに下流へとせきたてられていくのだった。

川が広く、深くなるにしたがって、水の中に不思議な味がただよってきた。その味はわずかに苦く、昼と夜のある時間帯になると、ウナギの口から吸いこまれ、えらを通りすぎていく水の苦味はより強くなっていった。苦い味とともに水の動きもいままでと違ってきた。川の流れにさからって、下流から押してくる時間があって、ゆっくりとその圧力がなくなっていくと、こんどは急に川の流れの速さが増すのである。

何本もの細い杭が川の中にあいだをあけて立っている。まっすぐな杭の列から海岸へ向かってななめにちょうどジョウゴ型に仕切るように杭は打たれていた。ねばりけのある海藻がついて黒ずんだ網が杭から杭へ張ってあって、水面上にも一メートルほど見えていた。カモメがこの囲い網の上にとまって漁師がやってきて網に入った魚を引き上げるのをじっと待っていた。そうしていると投げ捨てたり落としたりした魚を拾うことができるかもしれないのだ。杭はフジツボや小さなカキですっかりおおわれていたが、それはこのあたりの水には貝類が成長するのに充分な塩分があるからだった。

川の中州には小さなシギやチドリが散らばっていてじっと立って休んでいたり水際

の巻貝や小エビ、ゴカイなどの食物をさぐっていた。シギやチドリは海辺の鳥なので、彼らがたくさんいるということは海が近いことを物語っていた。

水の奇妙な苦味がだんだんと濃くなってきて、潮の干満の動きが強くなっていった。潮が引いたあるとき、まだ五十センチにも満たない小さなウナギの群れが淡水と海水のまじりあった湿地から現れて丘陵地帯の川から移動してきたウナギの群れと合流した。彼らは雄のウナギだった。雄のウナギは決して川をさかのぼらず、潮の干満があって海水と淡水とまざりあう水域に留まっていたのである。

移動してきたウナギたちのすべての外見に大きな変化が起きた。少しずつ川の色がオリーブ色がかった茶色になってくると、ウナギの体は光沢のある黒い色になり、腹部は銀色にかわってきた。この色は成熟したウナギがはるか遠い海の旅に出かけるときだけ身にまとう色なのだ。彼らの体はかたく脂肪に包まれて旅を終えるまでに必要なエネルギーを蓄えていた。すでに多くのウナギたちの鼻先は細長くかたくなって、あたかも嗅覚をとぎすましているようだった。彼らの目はふだんの大きさの二倍にも大きくなっていたが、おそらく暗い海の道に沿って下っていくための準備なのだろう。

川は河口で広がり、南側の岸は粘土の高い崖になっていたが、そこはかつては川が流れていたところなのだ。崖には何千もの古代サメの歯やクジラの骨、貝類の殻が埋まっていた。それらが死んだのははるか昔で、最初のウナギが海から上がってきたときよりもずっと以前のことであった。歯や骨、貝殻は、その時代の遺物なのだ。そのころ、いまの海岸沿いの平野はみな暖かい海の下にあった。そしてこれらの生き物のかたい残骸はやわらかい底の泥の中に沈んでいったのだった。何百万年ものあいだ、暗い土の中に埋めこまれていたものが、嵐のたびごとに粘土を洗い流され、太陽にさらされ、雨に打たれたりして姿を現してきたのである。

ウナギたちは塩分が増していく水の中を急ぎながら川を下るのに一週間かかった。リズムのある潮の動きは川のものでも海のものでもなかった。そこは湾に注ぎこむ多くの川の河口の渦や、深さ九メートルから十二メートルの海底の穴によって左右されていた。引き潮は満ち潮よりも激しい勢いで引いていった。それは川の強い流れが海からの水の圧力にあらがっていたからなのだ。

ついにアンギラは川の出口に近づいた。彼女とともに数千匹ものウナギが広大な丘陵地帯や高原から海に通じる沢や支流から、まるで流水であるかのように下ってきていた。ウナギは入江の東側近くを通る深い水路をたどり、陸地が海水のさしこむ大きな湿地になってしまっているところにやってきた。湿地の向こうには外海とのあいだに広く浅い海があって、緑色の草が生えている小さな島が散在していた。ウナギたちは湿地に集まって海へ出ていくべき、その時を待っていた。

次の夜、強い南東の風が海から吹き、潮が風に押されるように満ちはじめ、入江と湿地に入ってきた。この夜、鳥、魚、カニ、貝などの湿地の水生動物はみんな苦い塩水を味わった。ウナギは深い水の中にいたが、風にあおられて波が入江に入ってくるにしたがって、塩の味は刻々と強くなっていった。この塩は海のものだ。ウナギたちの海への旅立ちの準備はととのった。深くて彼らを包みこむ海への出発だ。ウナギたちの川での生活の時代は終わりを告げた。

風は月や太陽の力よりも強かった。真夜中過ぎに潮がかわったときにも、塩水はまだ湿地に流れこんでいた。底のほうの水は海に向かって引いているあいだも表面のかなりの水は湿地のほうへと吹き寄せられていた。

潮がかわるとすぐ、ウナギの海への移動が始まった。壮大な海の不思議なリズムは、それぞれが生命の営みをはじめたころには知っていたはずなのに、ずっと以前に忘れてしまった。ウナギたちはまずおそるおそる引いていく潮の中で泳いでみた。潮は二つの島のあいだの水路を通ってウナギを運んでいった。また潮は彼らを夜明けを待って錨をおろしているカキ採り舟の下を流れにのせて連れていった。朝になったとき、ウナギは岸からは遠く離れていた。そして水路の出口の、ちょっと傾きながら浮いている円筒のブイを過ぎ、砂州や岩の上に据えつけてあるブイの警笛の音をあとにした。潮はもっと大きな島の風の当たらないかげになった海辺の近くにウナギを運んでいった。島の灯台からは海に向かって長い光の束がのびていた。

島の砂州からシギやチドリの鳴き声が聞こえてきた。鳥たちは引き潮のあいだ、暗いなかで餌をあさっていたのだ。シギやチドリの鳴き声、波のくだける音、それが陸と海の出会うところ、すなわち海辺の音なのだ。

ウナギは海底の岩場の上でくだけている波をかきわけて進んでいった。そこは黒い水が泡立ち灯台の灯の閃光を受けて白くわきたっていた。しかしひとたび風に追われてその場所を越えると海はおだやかになり、ゆるやかに傾斜する砂の上をたどって、ウナギたちは風や波の激しい力に左右されない、さらに深い海に沈んでいった。

潮が引いているあいだじゅう、ウナギたちは湿地を離れて海へと泳ぎだしていった。その夜、何千匹ものウナギが灯台を通り越して、遠い海への旅の最初の一歩をしるしたのだった。実際におびただしい数の銀色のウナギがこの湿地の中にかかえこまれていたのだ。そして彼らが波をのり越えて海に出ていったように、彼らは人間の視界からも、またほとんど人間の理解からも消え去っていった。

第十四章　海の越冬地

　次の満潮の夜、北西の風にのって入江に雪が降ってきた。一キロまた一キロと丘や谷、川や湿地が白く雪におおわれて海までのびてきた。雪雲が渦を巻いて港に広がると、夜をこめて風は水面を声をあげて吹きわたり、暗闇の港に瞬時にして消えてしまう雪が舞い落ちていた。

　二十四時間のあいだに気温が二十度も下がり、朝になって港の入口から潮が引いたときには、浅く広がる湿地は全部凍結して引き潮の最後の水は海に戻らなかった。

　浜辺の鳥の声——シギやチドリの鈴のような声——が静まり、湿地の上や干潟の上を渡るヒューヒューという風の音だけが聞こえた。いつもは引いていく潮のあとを追いかけて鳥たちは浜辺を走りながら砂をさぐっているのだが、今日は吹雪が来る前に飛び去ってしまっていた。

　朝になっても雪はまだ空を舞い、風が吹くよりも前にコオリガモの群れが北西からやってきていた。コオリガモはその名前のとおり氷や雪、冷たい冬の風と仲がよいので吹雪に大喜びしていた。降りしきる雪をとおして港の入口の目印になっている灯台の白く高い塔を見ながら互いにうるさく鳴きかわしていた。灯台を越えた向こうには広大な灰色の海が広がっていた。コオリガモは海が大好きである。冬のあいだずっと海の上で生活し、浅瀬の貝や甲殻類のいる砂州で餌を食べ、夜は波打ち際から離れて、はるか沖の海の上で眠る。コオリガモは吹雪のなかを雪にまざる黒い雪片のように降りてきて、入江に連なる大きな湿地のすぐ外側の浅瀬に舞い降りた。午前中コオリガモは貝の多い水底に六メートルも潜って小さなムラサキイガイを夢中になって食べていた。

数種類の入江の魚が河口から離れた深いところに残っていた。マスやその仲間のクローカー、スズキやカレイの仲間などだ。湾の中で夏を過ごし産卵した魚たちである。そのなかの何匹かは、湿地や河口、深い割れ目などにいて、引き潮につれて海底を滑るように動く流れ網から逃れ、また建網の迷路に入りこまないですんだ魚たちだった。

すでに入江は冬将軍にしっかりと支配され、浅瀬はすべて凍りついていた。そして川は冬の丘陵地帯から流れこんできていた。そうしたなかで魚たちは入江の口から波のうねる大陸棚のゆるやかな斜面に出て体じゅうで記憶をよみがえらせながら、暖かい場所、静かな水、青くほの暗い光のなかの大陸棚の縁を思い出しながら海へ帰っていった。

吹雪の最初の夜、マスの群れが湿地に続く浅瀬に寒さのために閉じこめられてしまった。浅いところの水はたちまち冷えて暖かさを好むマスは寒さで体が動かなくなり、なかば死んだように海底に沈んでいた。彼らは潮が引いたときにもついていくことができず、減っていく水の中にとり残されたのだった。次の朝、氷は入江の浅瀬の上に張りつめ、何百匹ものマスが凍死してしまった。

もうひとつのマスの群れは湿地の先の深いくぼみにいたので寒さで死ぬことからはまぬがれた。ひと月前の大潮のとき、これらのマスは海面に近い餌場からおりてきてちょうど水路の内側に入ってきたのだった。そこでは強い引き潮が川から流れこんだり浅瀬や泥の湿地から退いてきた氷のように冷たい水の感触を伝えてきた。

マスはもっと深いところに沈んでいった。そこは海底の三つの水路が鎖のようにつながっているうちのひとつで、入江の入口のやわらかい砂の上にくっきりとついた巨大なカモメの足跡の形をしていた。水路は潮の動きにつれてゆれる海藻がびっしりと生えているところを越えて、より静かなより暖かい水の中をゆっくりとマスを深みにつれていった。ここでは潮の力は浅瀬の斜面よりも弱く、満潮の最高に強い動きも水の表面だけに限られていた。引き潮は谷間の底に流れこんでくる洗い流し屋だ。砂を巻き上げ、トリガイの貝殻を押しあいへしあいし、転がしながら深い谷間へとなだらかな斜面を洗い流すように流れ落ちていった。

マスが水路に入ってくると、ワタリガニが入江の上のほうから浅瀬の斜面を横に歩きながらやってきて彼らの真下を通っていった。冬を過ごすための深くて暖かい穴をさがしていたのである。カニは水路の底に生えている海藻の厚いカーペットの中に潜りこんだ。そこはほかの種類のカニやエビ、小さな魚たちの隠れ場所にもなっていた。

マスが水路に入ってきたのはちょうど日暮れ前、引き潮が始まったときだった。暗くなったころ、ほかの魚が水路を通って引いていく潮の流れに入ってきて、海に向かって押し流されていった。彼らは海底すれすれを泳いで、無数の魚の移動にゆれ動く海藻の茂みを通っていった。この魚は音を出すので鳴き魚ともいわれるクローカーで、寒さに追われて周囲の浅瀬から集まってきたのだ。彼らはマスの下に三、四段に重なって層をなし、浅瀬の水よりかなり暖かい水路の水を楽しんでいた。

朝になると水路の中は、砂と巻き上げられた沈泥でどんよりとして深い緑の霧がかかったようになった。二十メートル上の水面では赤い円錐形のブイが満潮に押されて西に傾いていた。このブイは船が海から港に入るときの入口の目印で、明りはつかない。ブイは海底に錨をおろした鎖に引っぱられ、波にもまれて傾いたり、回転したりしていた。マスはカモメの足跡のような三つの水路が合流しているところにやってきた。そこは海に向いているカモメの足の蹴爪に当たるところだ。

次に潮が引くと、クローカーは入江よりももっと暖かい水をさがすために水路を抜けて外海に出た。しかしマスはまだぐずぐずと残っていた。

引き潮が終わるころになって若いシャッドが水路を抜けて外海へと急いでいった。彼らは銀色に輝くうろこをもった指の長さぐらいの若い魚だった。この春、入江に注ぐ川の上流で産みおとされた卵からかえった若い魚たちで、入江をあとにする最後の群れだった。その年に生まれたほかの何千匹もの若いシャッドはすでに淡水と海水のまじった浅瀬を通って未知の広大な外海へと出ていっていた。若いシャッドは入江の入口の塩からい海水の中を急ぎながら、その不思議な味わったことのない塩水や潮のリズムに興奮していた。

雪はやんだが風はまだ北西から吹きおろして雪を深い吹きだまりに積み上げ、まだ凍りついていない表面の雪片をくるくると舞い上げて幻想的な風紋を描いていた。寒さがさらに厳しくなってきた。すべての細い川はこちらの岸から向こう岸まですっかり凍りつき、カキ漁の船も港に閉じこめられた。入江は雪とかたい氷に縁どられてしまった。引き潮のたびに新しい水が川から流れこんできて、マスがいる水路まで寒さは広がってきた。

吹雪が過ぎて四日目の夜、月は水面をこうこうと照らしていた。風は月の光を反射する無数の宝石のようにくだき、水面はダンスをする光の花びらとゆれ動く光の流れで一面に照り輝いていた。その夜、マスは何百匹という魚が水路の底のほうにいる彼らの上を銀幕に映る黒い影のように外海に向かって通りすぎていくのを見た。その魚たちもやはり別の群れのマスで、湾の奥深く二十キロ以上も入ったところにある三十メートルもの深さの穴の中で過ごしていたものたちだった。そこは大昔の川筋の一部だったが、かつて海に沈んで入江に形づくられたのだ。カモメの足跡のような水路で休んでいたマスは深い穴からやってきた仲間と合流し、ともに外海に向かって泳ぎだしていった。

水路の外に出たマスは海底に起伏のある砂丘が連なっている場所にやってきた。水中の砂丘は風の強い海岸の砂丘よりもずっと不安定である。それは水中の砂丘には陸の砂丘のようにコウボウムギなどの植物が根を張っていないので、深い大西洋の海底の斜面を登ってきた波の攻撃をまともに受けてしまうからである。砂丘のなかにはわずか十メートルほどの深さにあるものもある。海中の砂丘は嵐のたびに位置をかえ、何トンもの砂が積み上げられたかと思うと、それがたった一回の上げ潮で押し流されたりもするのだ。

一日じゅう海の砂丘が連なっているあたりを泳ぎまわっていたマスは砂丘帯と外海との境目になっている高い、波のない海中の台地へ上がってきた。この台地は幅が八百メートル、長さ三キロにわたっていて、緑色の深海にまで続く急斜面を見おろしていた。この台地は水深九メートルしかない浅い海だ。あるとき強い波が南西の風にのってきて、それが砂丘を移動させ、船倉に一トンもの魚を積んで港に向かっていた漁船を難破させてしまった。そのとき沈没したメリー・B号の残骸が砂の上にいまだに横たわっている。帆柱やマストの先端からのびた海藻の長い緑のテープが水中をただよい、満ち潮のときには陸地のほうに、引き潮のときには海に向かってゆれ動いていた。

難破船のメリー・B号は一部が砂に埋まっていて陸に向かって四十五度くらいに横だおしになっている。海藻の深い茂みが船の底や右舷をおおい隠していた。船が難破したとき、魚を入れる船倉をおおっていたハッチは壊れてとれてしまったので、いまでは船倉は、傾いたデッキにあいた暗い洞穴のようだ。これは暗いところを隠れ家にする生物にとっては格好の洞穴である。船倉はカニが食べつくした魚の骨でなかば埋まっており、それらの骨は沈没したときに外に流れ出なかった魚のものだった。甲板室の窓は船が座礁したときに波にたたかれて割れてしまった。いまこの窓は難破船のまわりにすんでいるたくさんの小さな魚たちの出入口になっていて、その窓枠のかたい表面は少しずつかじられていた。そして銀色のイトヒキアジ、マンジュウダイ、モンガラカワハギなどがたえまなく次から次と小さな行列をつくって窓から出たり入ったりしていた。

メリー・B号は何キロにもわたる海の砂漠にすむ生き物にとってはオアシスのようなところだ。無数の海の小さな小さな稚魚のような子どもたちの棲み家であり、小さな無脊椎動物はそこに足場を見つけてくっつき、餌をあさる稚魚は甲板の板や帆柱に張りついているこれらの生き餌を見つけることができる。そして、海の略奪者とか放浪者といわれているより大きな魚にとっては身をひそめる隠れ家だった。

マスは最後の緑色の光が灰色に色あせていくころ、暗い大型船の残骸の近くに引き寄せられていった。船のまわりで見つけた小魚やカニをとって食べると、冷たい入江から急いで逃げてきて長いこと我慢してきた空腹をようやく満たすことができた。それからマスたちはメリー・B号の、海藻におおわれた肋材のかたわらで夜を過ごした。

マスの群れは水に沈んだ難破船の上で眠っているようにじっとしていた。ひれを静かに動かしてお互いに難破船から離れないように、また深い海からわきを上がってくる潮に流されないようにしっかりとどまっていた。

たそがれ時には小さな魚たちのくねくねとした行列がデッキの窓を出たり入ったりし、腐った甲板の穴を通り抜けて中に散らばって難破船のまわりに休息場所を見つけていた。夕暮れとともに、さらに大きな魚が冬の海をわたってやってきた。この魚もメリー・B号の近くにすんでいて、勢いよく泳ぎまわっていた。

長い蛇のような腕が船倉の暗い大きな穴から突き出されて、二列に並んだ吸盤で甲板にしっかりと吸いついた。一本、また一本と八本の腕が現れて甲板をつかみ船倉から黒い姿がはい上がってきた。この生き物はメリー・B号の船倉にすむ大きなタコだった。タコは甲板を滑るように横切り、デッキハウスの低い壁を越えて奥のほうにするすると入っていった。そこに身をひそめて夜の漁を始めるのだ。タコは古くて海藻がついた甲板の上で、腕をしきりに動かして四方八方にいそがしく手をのばし、勝手知ったる隙間や割れ目の中にいる無用心な獲物をさぐっていた。

タコはまもなく小さなベラを見つけた。ベラは船の甲板をかじっているコケのようなヒドロを夢中になって食べながらデッキハウスの壁に沿って危険を疑いもしないで近づいてきた。タコは動いているベラの姿に目をこらし、手さぐりをしている腕は動きを止めて待っていた。この小さな魚は海底から四十五度の角度で張り出しているデッキハウスの角にやってきた。長い触手がデッキハウスの角に巻きついてベラをその敏感な先端で巻きとった。ベラはうろこやひれやえらぶたに吸いついた吸盤のしめつけから逃れようともがいたが、あっという間に待ちかまえている口にたぐりよせられて、そのオウムのくちばしのような形をした残酷な口で食いちぎられてしまった。

その夜、待ち伏せしているタコは、その触手が届く範囲にさまよっている無用心な魚やカニを何回もとらえた。そしてまたかなり離れたところを泳いでいる魚をとろうとして水の中にのり出していった。彼はぐにゃぐにゃの袋状の体のポンプ作用で動き、そのサイフォンから噴出するジェット水流で前へ進んでいった。タコの巻きつく腕と吸盤が狙った獲物を逃すことはめったにない。そして彼らを悩ましていた空腹は少しずつ満たされていった。

メリー・B号の船首の下の海藻が潮の変わり目にゆれ動いていたとき、一匹の大きなロブスターが隠れ家にしている海藻のベッドから姿を現し、海岸の方向へ立ち去っていった。陸地では、ロブスターの不格好な体は重さ十五キロにもなるが、海底では水に支えられて四対の細い歩脚の先端で身軽に歩く。ロブスターにはなんでもくだくことのできる大きな爪のようなはさみが体の前にのびていて、常にそれで餌をとったり敵を攻撃したりしていた。

船腹をつたって上に登っていきながら、ロブスターはちょっと立ち止まって大きなヒトデをつかみとった。そのヒトデは難破船の船尾を白くおおっているフジツボのマットの上をはっていたのだ。のたうちまわるヒトデはロブスターのいちばん前についている歩脚のハサミで口に運ばれてしまった。ロブスターの他の付属肢にはたくさんの関節があって、それをいそがしく動かしながらヒトデのとげのある体を噛みくだいてしまうあごに押しつけていた。

ヒトデのおいしいところを食べるとロブスターは残りを掃除屋のカニにまかせて砂の上を歩いていった。そして二枚貝を掘り出そうとして足を止めて砂をいそがしく掘り返した。そうしているあいだにも長くて敏感なアンテナは水中をただよう食べ物の匂いをさぐっていた。貝は見つからず、ロブスターは夜の餌さがしのために暗闇に姿を消した。

たそがれの少し前、若いマスの一匹は難破船にすみついていて、近づいてくる魚をとって暮らしている生き物のなかでもかなり大きなものに出会った。この第三のハンターはふいごのような形のずんぐりとしたみにくいアンコウのロフィウスだった。その広く大きい口にはするどい歯が並び、口の上には奇妙な細い枝が生えていて、やわらかい釣竿のようなその先には擬似餌、つまり葉のような形をした皮膚の一部がぶらさがっていた。アンコウは体のほとんどをしめるほつれたぼろきれのような皮膚が水の中にひらひらとただよっているので、魚から見ると海藻の生えた岩みたいだった。二枚のぶあつい肉質のひれ――魚のひれというよりも、イルカのような水生哺乳類のひれのようだ――が体の両脇にあって、アンコウが海底を移動するときにはそのひれで自分の体を引きずって前に進むのである。

若いマスが彼の近くにやってきたとき、アンコウのロフィウスはメリー・B号の船首の下にいた。アンコウは身じろぎもせず、その小さな二つの不吉な目は平らな頭から上を見ていた。彼の体の一部は海藻に隠されており、輪郭はぼろきれのようなしまりのない皮膚のために大部分が消されていた。どんなに用心深い魚でも難破船のまわりを動くロフィウスの姿を見分けられないだろう。マスのサイノシオンもアンコウには気がつかなかったが、そのかわりに小さな明るい色の物体が海底から三十～四十センチの水の中にぶらぶらしているのを見つけた。その物体は上下に動いていた。マスの経験ではそれは小さなエビかゴカイ、あるいは餌になる生き物が動いている様子だったので、サイノシオンはたしかめるために沈んでいった。彼の体長の二倍ぐらいの距離まで来たとき、広い海を回遊していた小さなマンジュウダイが泳いできて餌をそっとかじった。と同時にほんの少し前は無害な海藻が潮にゆれているだけだったところが、その瞬間するどい白い歯が二列に並んでいるアンコウの口になってマンジュウダイはその中に姿を消してしまった。

サイノシオンは瞬間的なパニックにおちいり、さっと身をひるがえして矢のように逃げた。そして腐った甲板の丸太の下に隠れてえらぶたを激しく動かして水をたっぷり吸いこんだ。アンコウのカモフラージュがあまりにも完璧だったので、マスにはアンコウの輪郭は見えなかった。身の危険の唯一の警告はちらっと見えた歯とマンジュウダイの突然の消滅だけだった。さらに三回、それを調べにきた魚がいて、おとりの擬似餌がぶらぶらと動き、ぐいと引かれるのを見た。二匹はベラで一匹はイトヒキアジだった。このアジは背びれが高く体は扁平で銀色をしていた。三匹はそれぞれおとりの餌に触れるとたちまちアンコウの胃の中におさまってしまった。

たそがれが真の暗闇にとけこみ、サイノシオンは朽ちた甲板の下にじっとしていたがなにも見えなかった。しかし夜が更けていくあいだ、ときどき自分の下でなにか大きな生き物が不意に動くのを感じていた。真夜中を過ぎると、メリー・B号の船首の下にある海藻のベッドの中ではもうなにも動いていなかった。それはアンコウがおとりを見にくる小魚よりももっと大きな獲物をあさりに出かけてしまったからである。

ケワタガモの一群が夜のあいだ、浅瀬の水面に休むために降りてきた。彼らははじめ陸地から三キロほど離れたところに浮かんでいたが、そのあたりの海底はでこぼこしているので海面では波がくだけ、潮がかわるとケワタガモの周囲の暗い水面は泡立ってきた。風は潮にあらがって海岸に向かって吹いていた。カモたちは眠りをさまたげられて浅瀬の外に飛んでいった。そこの水面はずっと静かだったので、波がくだけるところよりも沖のほうにもう一度着水した。魚を積んだ帆船のように、カモたちは水中に体を深く沈めて浮かんでいた。彼らは肩の羽に頭をうずめたりして眠っていたが、速い潮の流れの中で自分たちの位置を保つために水かきのついた脚でたびたび水をかかなければならなかった。

東の空がしらんでくると、海岸近くの水面は黒から灰色にかわっていき、浮かんでいるカモの姿は、下から見上げると羽と水面のあいだに閉じこめられた空気の銀色の輝きに包まれた黒い卵型の影のようだった。小さな意地悪そうな二つの目が下からケワタガモを見ていた。その目は水中をぶざまな動きでゆっくりと泳ぐ、大きなできそこないのふいごのような形の生き物の目だった。

アンコウのロフィウスは鳥たちがどこか近くにいるということに気がついていた。それは、カモの匂いと味が水の中に濃くただよい、彼の口の中の敏感な舌にまで届いていたからである。空が明るくなると彼の円錐形の視野に水面の影が映った。彼はカモの脚が水をかくときのひらめきを見ていた。ロフィウスは前にもそうした閃光を見たことがあるが、それはたいてい鳥が水面で休んでいるという合図だった。夜の餌あさりのあいだ、彼は中型の魚をほんの少し食べただけだったので、その胃袋を満たすにはほど遠かった。アンコウの胃袋は二ダースもの大きなヒラメか六十四ものニシンを入れることができるし、さもなければアンコウ自身と同じぐらいの大きさの魚が一匹まるごと入ってしまうのだ。

ロフィウスはひれを使って水面近くに浮上していって仲間から少し離れているケワタガモの下まで泳いでいった。カモはくちばしを羽の中にうずめ、片方の脚だけ体の下にぶら下げて眠っていた。カモは危険に気づいて目をさます前に、三十センチ近くも開くするどい歯のついた口につかまってしまった。突然の恐怖にカモは水面を翼でたたき自由なもう片方の脚をばたばたさせて水面から飛びたとうとした。死物狂いの力をふりしぼって必死に水面から離れようとしたがアンコウが全体重をかけてぶら下がっていたので引き戻されてしまった。

不運なケワタガモの鳴き声と水面を打つ翼の音は、仲間に危険を伝えた。荒々しく水面を泡立たせて群れのほかのカモたちは飛びたち、たちまち海面をただよう薄い霧の中に姿を消してしまった。アンコウにつかまったカモは、切れた脚の動脈から真っ赤な血を噴き出していた。鮮やかな色の血の流れの中にその生命が流れ去っていくかのように、カモのもがく力が弱々しくなっていくと、大きな魚の力が優勢になっていった。アンコウのロフィウスは真っ赤に染まった水の中からカモを下に引っぱって沈んでいった。それはちょうど、血の匂いに誘われて薄暗い水中から姿を現すサメのようだった。アンコウはカモを海底までもっていって全部呑みこんだ。これでやっと彼の胃袋を大きくふくらませることができた。

それから三十分ほどのち、マスのサイノシオンが難破船のまわりで小さな魚をとっていると、ロフィウスがメリー・B号の船首の下にある彼の巣穴に帰ってくるのが見えた。彼は手の形をした胸びれを使って船底を進んでいった。マスのサイノシオンはロフィウスが船のかげにはって滑りこみ、彼の動きにつれて船首の下の海藻が波打つのをながめていた。アンコウはそこで数日間、今日の食事を消化しながら冬眠のように活動を停止してじっとしているのだ。

日中、ほとんどわからないぐらい少しずつ海水が冷えてきて、午後には引き潮とともに大量の冷たい水が湾から流れ出していった。その晩、マスは寒さに追われて難破船を離れ、夜じゅう外海に向かって急ぎ、眼下のなだらかに傾斜する海底を通りすぎていった。マスたちは平坦な砂地でときどき盛り上がった丘や船が座礁する浅瀬がある海底の上を移動していった。冷たさが追ってくるのでマスの群れはほとんど休まず急いだ。そして刻一刻、水は深さを増していった。

ウナギも水中の砂丘や起伏する海の牧草地や草原を通り抜けて、この道をたどっていくはずだった。

その後数日のあいだ、しばしばマスは餌を食べて小休止しているときにほかの魚の群れに出会った。彼らはじつにいろいろな種類の魚の群れだった。魚たちは冬の寒さから逃れて、長い海岸線のあらゆる湾や川からやってきていたのである。彼らのなかにははるか北の海から来ている魚もいたし、ロードアイランドやコネチカット、さらにはロングアイランドの海岸から来ているものもあった。彼らはタイの仲間で体は細いが背中は高く、弓形の背中にはトゲのようなひれがあって、皿状のうろこでおおわれていた。毎冬、タイはニューイングランドからバージニア岬の沖に南下してきて、春になると産卵のために北の海域に帰るのだが、そこでわなにかかってたちまち網に囲まれてしまうのである。マスはさらに遠く大陸棚を横切って回遊していったが、緑色のぼんやりとした視界のなかにタイの群れを何度も見かけた。その大きな青銅色の魚は浮き沈みしながら海底でゴカイ、ウニ、カニを掘り返し、餌にむしゃぶりついているあいだに二メートル以上も押し流されてしまう。

またときにはナンタケット島の浅瀬からやってきて冬のあいだは南の暖かい海域で過ごすタラの群れに会うこともあった。タラのなかにはここで産卵するものもいるが、生まれた稚魚はこの種の仲間として入れてもらえずに、大洋の海流の中に置き去りにされて、タラの故郷である北の海には決して戻れないのだ。

寒さが厳しくなってきた。海岸沿いの平野を横切って海いっぱいに広がる冷たい壁が動いてくるようだった。その壁は見ることもさわることもできなかったけれどもたしかに自然の防壁だった。もし石のようにかたい体であったとしてもその壁を突き抜けて海岸に戻ることができる魚は一匹もいないだろう。暖冬の年は大陸棚には広範囲にわたって魚が散らばり、クローカーはかなり海岸近くに、カレイやヒラメは砂地に斑点を描き、タイは餌が豊富にあるなだらかな海底の谷間に、そして海底ののどのかげにもスズキがいるというぐあいだ。しかしこの年の寒さは魚たちを一キロまた一キロと大陸棚の縁――深海を臨む縁まで追いたてていった。そこはメキシコ湾流によって暖められたおだやかな水域で、魚たちにとっては格好の越冬地だった。

魚が入江や河口から大陸棚を越えて移動していくちょうどそのころ、漁船団は南に移動して外洋に出ていった。漁船の群れはスピードを上げて船尾を沈め、船首を浮かすようにしてばらばらな列を組み、冬の海を上下左右にゆれていた。漁船の群れは冬の寒さをのがれて避難所にいる魚をとるために北部のあちこちの漁港からやってきたトロール漁船だった。

ほんの十年ほど前にはマス、カレイ、ヒラメ、タイ、クローカーなどの魚は、ひとたび湾や入江を出てしまえば漁師の網にかかることはなかった。ところがある年、漁船が長い袋のような網を引いてやってきた。その漁船は北から下ってきて沿岸から離れて沖に出ると網をおろし海底に沿って引いていった。最初はなにも収穫がなかったが、さらに外洋へと移動していくにつれて、ついに網は魚でいっぱいになった。夏のあいだ湾内や河口にいる沿岸魚の越冬場所が発見されてしまったのである。

そのときからトロール漁船はシーズンごとにやってきて年に何百トンもの魚をとっていった。いまもその方法で北方の漁港から南下してくる。タラのトロール漁船はボストンから、カレイやヒラメの底引き船はニューベッドフォードから、ベニザケ漁船はグロスターから、タラ漁船はポートランドから来るのだった。南方の海域で行う冬期の漁はスコシアバンクスやグランドバンクスで行う漁よりもずっと簡単であったし、また、ジョージズ、ブラウン、チャネルなどの漁場でさえここよりもたやすくはなかった。

しかし今年の冬は寒く、港という港はすべて氷に閉ざされ、海には強風が吹きわたっていた。魚は遠く百キロから百五十キロ以上もの外洋に出ていた。そして水深二百メートルほどの暖かく深い海に沈んでいた。

トロール網の山がくずれ、凍りついたしぶきでデッキから滑り落ちそうになっていた。トロール網の網目はこちこちに凍りつき、ロープもケーブルもすべて結氷し、きしんだうめき声をたてていた。トロール網は、氷とみぞれが舞い、大波がうねる海から、また吹きすさぶ風から暖かく静かな海中へと二百メートル余りも沈んでいった。そこでは魚の群れがそこから先は深海域になるところの青いかすかな光のなかで餌を食べていた。

第十五章　回帰

産卵場所に帰るウナギの旅の記録は深い海の中に隠されている。風と潮が暖かい大洋の水の感触を彼らにもたらしたあの十一月の夜、湾の入口に近い潮のさす湿地をあとにしたウナギの進路を追うことはだれにもできない。いったいどのようにしてバミューダの南からフロリダの東まで八百キロも離れた大西洋の深淵に旅してくるのだろう。グリーンランドから中央アメリカまで、秋になると大西洋岸のほとんどの川から海に出てくるウナギの群れの旅の経路についてははっきりした記録はない。

ウナギが彼らの共通の目的地までどうやって旅をしているのか、だれにもわかっていない。おそらく冬の風で冷やされた淡い緑色をした水面を避け、また丘陵地帯の川のような明るさをこわがって昼間は深いところに沈んでいるからなのだろう。ことによると中程度の深さのところを泳ぐか、なだらかに傾斜した大陸棚の縁に沿って行くのかもしれない。そこには数百万年も昔、太陽の光のもと海沿いの平野を横切って刻まれていた川が海底に沈んで谷をつくり、深く落ちこんでいた。ウナギたちはようやく大陸棚の縁にたどりついたが、海はそこからはけわしく深淵に落ちこんでいた。そして彼らは大西洋の深海へ進んでいった。この深海の暗黒のなかでウナギの稚魚が生まれ、年老いたウナギは死に、ふたたび海そのものに帰るのである。

二月の初めに何十億という生命のかけらが深海の暗黒のなかにただよい、海面からはるか深いところで浮遊していた。それらは新しくかえったばかりのウナギの幼生で、親ウナギが残した忘れ形見だった。若いウナギは深海と海面のあいだの水域で初めて生命の灯をともした。彼らの上には太陽の光がさしこむ三百メートルもの水があった。ウナギたちがただようところまでさしこんでくるのは、波長が長く、強い光線だけだった。それは寒色のスペクトルのおしまいのほうの冷たく不毛な青色と紫外線の光だけで、赤、黄、緑の暖色系の色はすべてなくなっていた。つまり一日の二十分の一のあいだだけは暗黒の水中が、上からひそかに滑りこんでくる光によって神秘的な青にかわるのだった。太陽が天頂を通りすぎるときだけ、そのまっすぐで波長の長い光線が暗黒を四散させる力をもっているので、やがて深海の夜明けの光はたそがれの時間のなかにとけこんでいった。青い光は急速に薄れていき、ウナギはふたたび長い夜の世界のなかに閉ざされた。しかしそこは深海ほど真っ暗ではないだけで、夜は果てしなく続くのである。

最初、若いウナギは自分が生まれた不思議な世界についてほとんど知らなかったが、その水の世界になじんで生きていた。平たい木の葉のような形をした体には、胚の残りが生命を支えてくれていたので、餌をさがす必要がなかった。近くにいるものはみな仲間だった。彼らは木の葉のような体を自分の体組織の密度と海水の密度とのあいだのバランスによって浮かし、水に身をまかせてただよっていた。小さな体は水晶のように透明だった。ごく小さな心臓から送り出された血管を流れる血液すら色がなかった。ただ目だけが小さく針でつついたように黒い色をしていた。透明であることは、このたそがれの薄闇の水域で生きるには都合がよかった。周囲の色ととけあってしまうため、腹をすかせた敵に見つからず安全だったのである。

数十億のウナギの稚魚が、黒くて針でつついたような数十億対の眼で、深淵に横たわる不思議な海の世界をじっと見つめていた。ウナギの目の前ではミジンコの群れが休みなく生命のダンスを続け、彼らの透明な体は海面からさしこんでくる青い光を受けて塵のかけらのように輝いていた。すきとおった鐘のような形をしたクラゲは、その壊れやすい体を、一平方センチあたり四十キロもの水圧に適応させて息づいていた。翼足類の群れが、さしこんでくる光を避けて、じっと見つめるウナギの目の前をはき落とされるように降ってきた。その体は短剣のような形やらせん形、円錐形の奇妙な形をしていてガラスのようにすきとおり、光を反射して氷の粒のように輝いていた。小さなエビがほの暗い光のなかから青白い幽霊のように現れた。エビはまるい口とたるんだ筋肉をもつ青白い魚に追いかけられた。その魚の灰色のわき腹には宝石のように光る器官が列になってついていた。するとエビは、しばしば発光性の輝く液体を噴射して、炎のような煙幕を張って、敵の目をくらましたり、混乱させたりもした。ウナギが見ていた魚の多くは銀色の鎧を身につけていた。つまり銀色は、太陽光線が届く終点の水域での一般的な色であり、この水域を象徴する色なのだ。細長い形をした小さなホウライエソも銀色で、牙の光る口を大きくあけて、たえまなく餌を追い求めていた。あらゆる魚のなかでももっとも奇妙な魚はテオノエソで、あまり大きくはないが、じょうぶな皮膚を身にまとっていた。その魚はトルコ石や紫水晶のように輝き、体のわき腹は水銀のように光っていた。彼らの体は横の厚みが薄く、先端のほうはするどい刃のようだった。そのうえテオノエソの背中は青黒いので、敵が上から見おろすと黒い海では見分けがつかなかった。また海の狩人が下から見上げるときは、この手斧形をした魚の鏡のようなわき腹が、青い水を反射するために目がくらんで、獲物の輪郭をはっきり見分けることができなかった。

ウナギの稚魚が生活している海は、幾重にも重なった水の共同体を構成しており、それぞれの層は、海面に浮いた茶色いホンダワラの葉から葉へ絹のような糸を紡いでいるゴカイの類から、深い海底のやわらかい泥地の上をそろそろとはいまわっているウミグモやクルマエビにいたるいろいろな生き物の棲み家になっていた。

ウナギの頭上には太陽が降り注ぐ世界があった。植物が生長し、小さな魚が太陽の光で緑色や空色に輝き、青くすきとおったクラゲが海面にただよっていた。

下の層は薄明りの水域で、そこの魚たちはオパール色や銀色をしている。赤いクルマエビは鮮やかなオレンジ色の卵を放出し、まるい口のミツマタヤリウオは青白く、暗がりのなかでその発光器がきらきらと明りをともしていた。

やがて暗い水域が始まると、そこには銀色の輝きもなければオパール色の光沢のあるものもなく、あらゆる生き物がそれがすんでいる水と同じようにくすんで、単調な赤と茶褐色と黒を身にまとっている。彼らは周囲の薄暗がりにとけこむことによって、敵のあごの中で迎える死の瞬間を先にのばしているのだ。赤いクルマエビはここでは濃紅色の卵を産み、まるい口のミツマタヤリウオの体は黒色になっている。多くの生き物は光り輝くカンテラのような発光器をもっていたり、あるいはその体に無数の小さな発光体が列をなしたり、模様を描いたりしていた。そうすることによって敵か味方か識別しているのである。

この層の下の深淵は大西洋の中でもいちばん深いところ、太古の海底だった。深海では変化がゆるやかで、過ぎゆく年月の流れも季節の移ろいも意味をもたないところだった。この深さでは、太陽はなんの力もなく、それゆえにここの暗黒は始まりも終わりもない無限のものだった。そこから数千メートル上の海面を照りつけている熱帯の太陽も、この深淵の凍てつくような冷たさをやわらげることはできない。その水は四季を通じて、数世紀という時にとけこんでいる年月を通じ、さらには何千何万年前の地質時代を通じ不変なのである。大洋の深い海底の盆地に沿って、ゆっくりとはうように動く海流はまさに時の流れそのもののように慎重で変化を許さなかった。

水面から下っていくと、七千メートルほどで海底に着く。海底は太古の時代から時間をかけて積み重なったやわらかく、深い泥におおわれていた。大西洋でもっとも深いところは、ときおりの海底火山の爆発によって噴き出した赤い粘土や軽石のような沈澱物がカーペットのように敷きつめられている。軽石にまざって鉄やニッケルの小さいかけらもあり、それらははるか彼方の太陽で生まれ、宇宙空間を何万キロも飛行し、地球の大気圏のなかで死に果て深い海底にみずからの墓場を見つけたのである。大西洋という巨大なお椀の海底の縁には、海の表面にいる微小な生き物の骨などが軟泥の中にたまっていた。それらは星の形をした有孔虫類の殻、海藻や珊瑚の石灰質部分の残骸、放散虫の火打ち石のような骨格、そしてケイ藻類のかたい珪酸質の細胞壁などである。しかしこうした生き物をつくりあげていたよりデリケートな成分は、このもっとも深い海底に達するずっと以前に海水にとけて海と一体になってしまった。冷たく静かな深淵に届くまで水にとけこまず形が残るものは、クジラの耳の骨とサメの歯ぐらいだった。この赤土の暗黒と静寂のなかに、かつてそこにすんでいた太古のサメ類の残したものが埋まっている。このサメが生活していたのは、おそらくクジラが海に現れたり、巨大なシダ植物が地上に繁茂する以前のことであり、石炭層も形成される前のことであろう。こうしたサメの生身の体は、すべて数百万年も前に海に帰り、ほかの生物を形づくるために何度も繰り返し使われたはずである。しかし彼の歯は、遠く離れた太陽からやってきた鉄の沈澱物とともに深海の赤い軟泥のあちこちに依然として残っているのだ。

バミューダ諸島の南の深海は、東大西洋と西大西洋のウナギが出会うところである。ヨーロッパとアメリカのあいだの大洋には、このほかに海底山脈のあいだにある割れ目が落ちこんだ、非常に深い海がある。このバミューダ諸島の南の海域だけが深さと水温の両方で、ウナギの産卵に必要な条件を備えている。そのため、一年に一度、ヨーロッパで成熟したウナギは大海原を越える七千キロもの旅に出発するのだ。そして東部アメリカで成長したウナギもあたかもヨーロッパのウナギに会おうとするかのように年に一度旅立つのだった。ホンダワラがただよい藻海とも呼ばれるサルガッソウ海の西の端で彼らは出会い、まじりあうのだ。はるか遠い西のヨーロッパから来たウナギとこれまたはるか遠い東のアメリカからの旅路の合流である。やがて広大なウナギの産卵場所のまん中あたりの海中にはヨーロッパのウナギとアメリカのウナギの二種類の卵や幼生が並んで浮かんでいた。この二種類の外見は非常によく似ているが、背骨を構成する脊椎骨やわき腹のひれとげにある筋肉の薄い層を注意深く数えることで、ようやく違いを識別できる。そのうち幼生期が終わり、あるものはアメリカの海岸へ、他のものはヨーロッパの海岸へとおもむくのだ。そして、いまだかつて自分がやってきた大陸と違う大陸に迷いこんだウナギはいない。

その年も数ヵ月が過ぎ、若いウナギたちはそれぞれ長く太く育っていった。彼らは成長し体の組織はかたく締まってきて明るいところをただようようになった。海の中を上へとたどる道は、春の北極圏の時の流れのように、一日一日と太陽の光がさす時間が長くなってくる。少しずつ真昼の青さが長くなり、長い夜は短くなっていった。まもなくウナギは水面近くの緑色の光線がさしこんでいるところまでやってきた。そしてたくさんの植物が集まっている水域にたどりつき、そこで初めて食物を見つけたのだった。

その植物というのは海面に透過された日光から、生命の営みのためにエネルギーをたっぷりともらっている植物プランクトンだ。太古からこの海に生きる褐藻の細胞から、若いウナギはそのガラスのようにすきとおった体に、初めての栄養素を与えられたのだ。この種に属する植物は、最初のウナギあるいはどんな種類の脊椎動物でも最初のものが、地球上の海で生活する以前からはかり知れない長い年月を生きつづけてきた。非常に長い時が過ぎるあいだに、さまざまな生物が栄え滅びていくときも、これらの石灰をふくんだ藻は、遠い先祖の時代からその形を変えない石灰質の小さな盾の形をした防護服を着て、誕生したときからその形をかえずに海の中で生きつづけてきた。

この海藻を餌にしているのはウナギだけではない。青緑色をしたこの水域は、ただよっている植物の中で餌をさがすミジンコやほかのプランクトンでにぎわっていた。そしてそのミジンコを食べるエビのような動物の群れもそここに見られ、さらにそのエビを追いかける小さな魚の銀色の光がきらめいていた。若いウナギたち自身も腹をすかせた甲殻類、イカ、クラゲ、ゴカイ、そのほか口を開いて水の中を泳ぎながら、餌をとりこみ、えらでこしているたくさんの魚の餌食になった。

真夏になると、ウナギの稚魚は体長が三センチほどになった。ヤナギの葉のようなその形は、海の漂流者にとっては申し分なかった。海面近くまで浮上してくると、透明な体に黒い点のようについている目が鮮やかな緑の水の中にいる敵に見つけられてしまうこともあった。波のうねりで高く持ち上げられたとき、開けた大洋のきれいな水の中に真昼の太陽がまぶしく輝いているのを感じとった。彼らはときどき浮かんでいるホンダワラの森の中に入りこんだ。そこはトビウオの産卵場所であるし、ウナギたちの隠れ場所でもあった。なにひとつない大海原ではカツオノエボシの青い帆のようなエボシや浮袋のような体のかげですら隠れ場所になるのだ。

このあたりの水域では海面に流れがあって、若いウナギはその流れにのって運ばれていった。ヨーロッパから帰ってきたウナギから生まれた稚魚も、アメリカから帰ってきたウナギから生まれた稚魚も、すべてのものはひとしく北大西洋の海流の渦の中に掃き寄せられるように巻きこまれた。ウナギたちのキャラバンは大きな川のようになって海を流れていき、バミューダ諸島の南の水域で育てられた若いウナギは数えきれないほどになった。少なくともこの生きている川の中では、二種類のウナギが並んで旅をしていたのだが、この時期になると二種類を簡単に見分けることができる。なぜなら、アメリカのウナギはヨーロッパのウナギにくらべると二倍近くの大きさになっているからである。

大洋の海流は南から西を通って、北へと大きな輪を描いて流れていた。夏は終わりに近づいていった。いろいろな海の植物は次々と種をまき、順番に実っていった。ケイ藻植物は春に実り、その豊富な植物によって動物性プランクトンの群れは成長し、繁殖していった。また無数の稚魚たちはプランクトンの群れに養われて育っていった。そしていまは秋のおだやかな海に広がっていた。

若いウナギたちは生まれ故郷から遠く離れていた。少しずつウナギのキャラバンは二列に分かれだして、ひとつは西に、もうひとつは東へと向きをかえていった。このときまでに早く大きくなったウナギのグループの反応に微妙な変化があったにちがいない。うかがい知れないなにかが海面を流れる幅広い海流の西へとさらに導いていった。彼らはヤナギの葉のような稚魚の形を失い、親と同じようにまるくくねくねとした姿になると、淡水のまじった浅瀬を求める力が強くなるのだ。いまやウナギたちは使っていなかった筋肉の潜在能力を発揮し、風と潮の流れにさからって海岸に向かって泳いでいった。がむしゃらに、しかし力強い本能にかりたてられて、その小さくガラスのような体のすべての動きが、若いウナギたちが行ったことがない未知の目的地へと無意識に向かっていた。彼らの種としての記憶のなかに深くきざまれたなにかに導かれて、それぞれの親がやってきた海岸に向かってなんの疑いもなく戻っていった。

西大西洋のウナギのなかには、東大西洋のウナギの稚魚がまざっていたが、彼らのなかには深海を離れる衝動にかられたものは一匹もいなかった。彼らの体の成長と発達の過程のすべてはゆっくりとした速さなのだ。あと二年もすれば東大西洋の稚魚もウナギの形にかわり淡水の世界に移動する準備ができるだろう。だから彼らは潮の流れにさからわずにただよっていたのだった。

大西洋を横切って東に向かうと、ヤナギの葉のような形をした旅人——二年前にふ化したウナギの小さな群れがいた。さらに東に行くとヨーロッパの沿岸には二年目になって大きさはすっかりおとなになった若いウナギの大群が集まっていた。そして若いウナギの群れはちょうどその季節に途方もなく長い旅の終点に到達し、湾や入江に入ってきてヨーロッパの川をさかのぼっていくのだった。

アメリカのウナギの旅路はヨーロッパのウナギのそれより短かった。真冬までに群れは大陸棚を横切って海岸に近づいていた。海は吹きわたる凍てつく風と、太陽からはるか離れていることで冷えきっていたけれども、移動していくウナギたちは海面近くにとどまっていた。もはや生まれ故郷のような熱帯の海の暖かさは必要ではなかった。

若いウナギが岸に向かって泳いでいるのと同じように、彼らの下のほうでは別の世代のウナギの大群が泳いでいた。そこには充分成熟したウナギが黒と銀色のうろこを身にまとって生まれ故郷へと向かっているのだ。この二つの世代のウナギは、一方は新しい生活の門出であり、もう一方は深海の暗黒のなかで死を迎えるのだが、互いに出会うこともなくすれ違っていったにちがいない。

岸に近づくにつれてウナギの下の水は少しずつ浅くなってきた。若いウナギは新しい姿になって川をさかのぼっていった。ヤナギの葉のような体は収縮して小さく引き締まり、平らな葉のようだった体は太い円筒形にかわった。稚魚時代の大きな歯はこぼれ落ち、頭がさらにまるくなってきた。色素をふくんだ小さな色のついた細胞が背骨に沿って点々と現れたが、ほとんどのウナギはまだガラスのように透明だった。この段階になると、シラスウナギと呼ばれるのである。

いま、深海の生き物であったウナギたちは内陸の生活に入る支度がととのって、灰色の三月の海で待機していた。彼らはメキシコ湾の沿岸のマコモの茂る湿原や河口や南大西洋の入江の外で、河口を縁どる緑の湿地や水路に入りこもうと待ちかまえていた。彼らは凍てついた北の川がゆるみ春の奔流となって、海に真水の長い腕を突き出すように流れこむのを待っていた。そして、初めて味わう水に興奮して、そこに向かって泳いでいった。おびただしい数のウナギが湾の入口の外に集まっていた。そこからは、一年ほど前にアンギラとその仲間のウナギたちが子孫を残すという種の本能にしたがって、深海に旅立ったのだった。いま若いウナギたちが帰ってきたことによって、その目的は果たされたのだ。

ウナギたちは白い灯台の光を目標にして陸に近づいていった。海岸近くの餌場から毎日午後になると戻ってきて、海の上を高く輪を描いて飛んでいたまだらのあるコオリガモがそれを見つけて、たそがれの空から大急ぎで羽音をたてて暗い海に降りてきた。コハクチョウもウナギを見ていた。彼らは緑色の海に白い姿を描きながら、春の渡りのために北に向かっている群れだった。先頭のハクチョウはウナギを見つけるとすぐ三声鳴いて、カロライナ海域から北極の広大な不毛の地までの長い旅路の最初の休憩地に近づいたことを仲間に知らせた。

満月で潮は満ちてきた。潮が引くと、淡水の味が湾の入口の外にいる魚にまで強くただよってきた。海に流れこんでくるどの川もあふれるほどの水量だったからだ。

月明りの下で、若いウナギは腹部がふくらんでいる銀色のうろこの大きな魚がたくさんまわりに泳いでいるのに気がついた。その魚たちは広い海の餌場から帰ってきたシャッドで川をさかのぼって産卵するために湾の氷から逃れて、時を待っていたのである。鳴き魚と呼ばれるクローカーの群れは海底にいて、自分の体のドラムを打ち鳴らしていた。クローカーはマスやイシモチとともに沖合いの冬ごもりの場所から出てきて湾の餌場をさがしていた。そのほかには頭を流れの方向に向けて、潮の満ち干に身をまかせて、速い流れに追いたてられた小さな海の生き物を食べようとしてじっと待っている魚もいた。それは常に海にすんでいるスズキで、川をさかのぼる魚ではなかった。

月が欠けて潮の動きが小さくなると、シラスウナギは湾の入口のほうへと進んでいった。ほとんどの雪はとけて、雪どけ水が海に流れこんだあとのある夜、月の光も薄れ、潮の力も弱々しくなったとき、つぼみが開くような気配の霧をふくんだほろ苦い温かい雨が落ちてきた。するとシラスウナギたちはいっせいに湾内に流れこんで岸に向かい、自分のさかのぼるべき川を見つけたのだ。

ウナギたちのなかには塩気をふくんだ広い河口でうろうろしているものもいた。彼らは若い雄のウナギで、淡水という不思議な状態にとまどって近寄れないのである。しかし雌は川の流れにさからって泳ぎつづけていた。自分たちの母親が川を下ったときのように、夜のあいだにすばやく泳いでいった。ウナギたちの列は数キロの長さになり、大きな川や細い浅瀬をたどってうねうねとさかのぼっていった。それぞれのシラスウナギは前を行くウナギの尾にくっつくようにして押しあいながら、全体を見れば巨大なヘビのようになって進んでいた。どんな困難も障害物も彼らを押しとどめることはできなかった。彼らは腹をすかせた魚にも食べられた。マス、スズキ、カマス、それに大きなウナギにさえもつかまり、また川岸で餌をさがすネズミにも、それにカモメ、サギ、カワセミ、カラス、カイツブリ、アビなどの鳥にもねらわれた。さらに滝や水しぶきでぬれてコケの生えた岩をよじ登り、ダムの放水路では身をくねらせて、ようやく上がっていった。なかには何百キロもさかのぼっていくものもあった。深い海に生まれた生き物が広い陸地に散っていった。そしてそこは遠い太古の昔には海があったところなのだ。

ウナギが三月の海で陸地を流れる川をさかのぼっていくときを待っていたように、海もまたふたたび沿岸の平野を沈め丘のあいだに滑りこみ、山の麓まで浸すときを待ちつづけている。常にかわりつづけるウナギの長い一生のなかで、湾の入口で待っている時間は、ほんのつかのまのできごとであった。それと同じように、地質学的時間のなかでは現在の海と海岸、そして山々のたたずまいはほんのひとときの待ち時間にすぎない。山はたえまなく水の侵食を受けて砂粒となって海に運ばれ、姿を消していくだろう。そして、いつの日かすべての海岸はふたたび水に浸り、いまは町と呼ばれているところも海に還っていくにちがいない。

本書に登場するおもな生き物

アイサ　Merganser
アイサは魚を食べるカモで、水中に潜る能力や泳ぎにも特別にすぐれている。くちばしの先端はするどい歯のようになっており、すべりやすい獲物をつかまえてくわえておくのにとても都合がよい。

アオサ　Sea lettuce
平べったく明るい緑色をした海藻。葉はティッシュペーパーのように薄いが、波の力を受けながら岩の上に生えていることが多い。

アカエイ　Sting ray
四角形で、ざらざらした扁平な体についている長いムチのような尾があり、尾にはするどい針があるのですぐに見分けがつく。尾は非常に痛いけがを負わせることができる。コッド岬からブラジルまでの沿岸で見られるほか、沖合の漁場になっている浅瀬にもときどきいる。

アジサシ　Tern
海岸にすむ特徴のある鳥。頭を曲げて水中の魚の気配をさぐりながら飛んでいるので、一目でそれとわかる。魚を見つけると水に飛びこんで捕る。巣は、砂浜か沿岸の島に、多数でコロニーを形成する。キョクアジサシと呼ばれる種は、記録上もっとも長い距離を渡る。北アメリカの北極地方から、ヨーロッパ、アフリカを経由して両極まで渡る。

アシナガウミツバメ　Wilson's petrel
この鳥は、夏のあいだに合衆国の海岸をおとずれ、冬には南アメリカ先端の南極圏にあるいくつかの繁殖地に帰る。船の通る後をついて飛び水面でダンスを踊っているように見える。

アツケシソウ　Marsh samphire
アツケシソウは英名で glasswort とも呼ばれ、潮間帯沼沢地の植物である。秋になると鮮やかに紅葉し、輝く色が斑点をつくる。

アナゴ　Conger eel

アナゴはもっぱら海水にすみ、アメリカ産のアナゴの体重は、二十五キロ以上にも達し、ヨーロッパ産のものでは五十キロ以上のものもいる。非常に大食漢である。

アンコウ　Angler fish

アンコウは不格好な大食漢として悪名高い魚である。アンコウの体の半分は頭で、頭の大半は口である。このため〝オールマウス〟と呼んでいる地域もある。体長は一メートル以上もある。

イカナゴ　Launce

細くてまるい体をした魚。潮間帯で潮が引いているあいだに自分で砂の中に穴を掘って潜っている。ハッテラス岬からラブラドル半島の海岸に沿った地域に多く、沖の浅瀬に非常にたくさんいる。他の小さな群れをつくる魚と同様、イカナゴもナガスクジラなど、多くの海の捕食者の餌になる。

イトヒキアジ　Look-down fish

チェサピーク湾以南でふつうに見られる、奇妙な魚。体は縦に長く、左右から押しつぶされたような形をしており、乳白色にみえる。美しい銀色がかった色で高い「額」のために、この魚が鼻を「見おろして(Look-down)」いるような独特の印象を与えている。

オオトウゾクカモメ　Skua

オオトウゾクカモメは荒海の海賊である。冬にはニューイングランドの漁場にかなりたくさんいる。そこでは、カモメやフルマカモメ、ミズナギドリなどを恐怖におとしいれ、彼らの捕った魚やイカなどの食物を横取りするからその名がつけられた。グリーンランドやアイスランド、さらに北方の島々で営巣する。

オオハシシギ　Dowitcher

中型で長いくちばしをもつ海辺の鳥でシギの仲間。大西洋で渡りが見られる。冬はフロリダ、西インド諸島、ブラジルで過ごし、繁殖はカナダ北部、ハドソン湾の東といわれる。

カイツブリ　Grebe

水上にいるカイツブリはカモに似ているが、びっくりすると飛びたつよりもまず潜る。彼らはかなりの深さまで潜ることができるので、漁師の網にかかってしまうことも珍しくない。通常は湖、池、湾、入江で見られるが、八十キロ以上も沖に出ることもある。

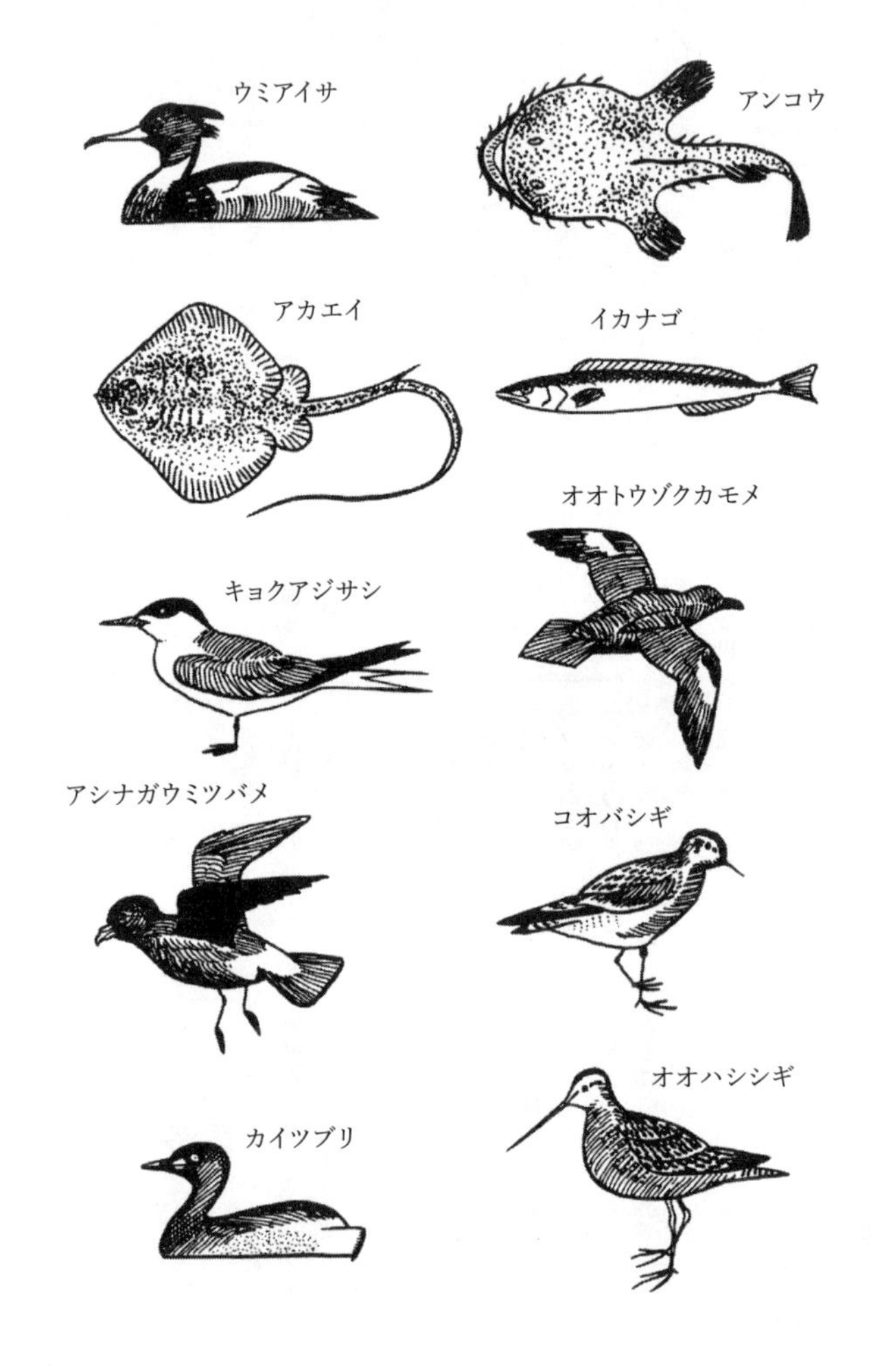
ウミアイサ
アンコウ
アカエイ
イカナゴ
オオトウゾクカモメ
キョクアジサシ
アシナガウミツバメ
コオバシギ
オオハシシギ
カイツブリ

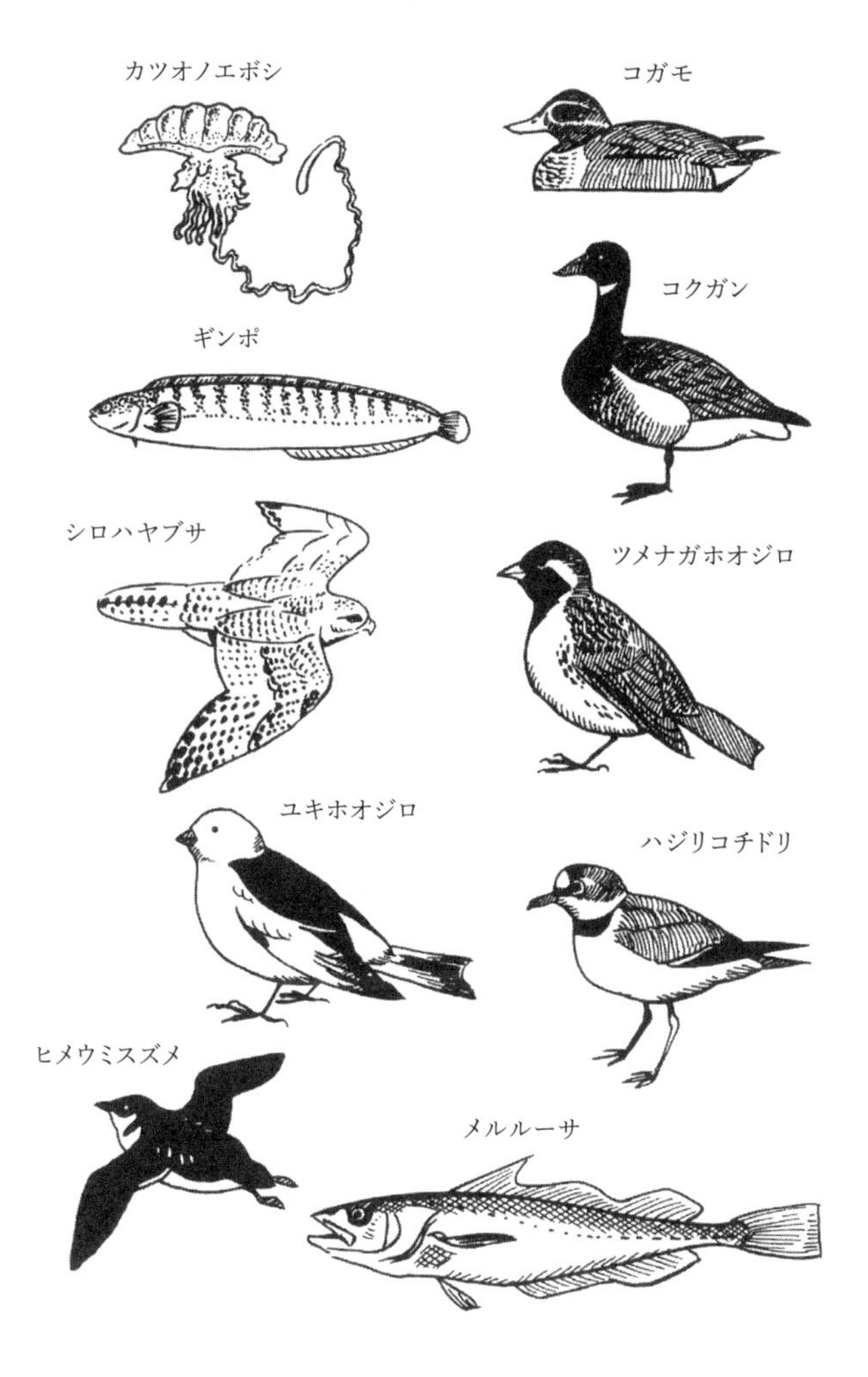
カツオノエボシ
コガモ
コクガン
ギンポ
シロハヤブサ
ツメナガホオジロ
ユキホオジロ
ハジリコチドリ
ヒメウミスズメ
メルルーサ

カツオノエボシ Portuguese man-of-war

熱帯の海やメキシコ湾において、この生物の美しい青い浮袋が水面をただよっているのが見られる。この浮袋の役割は、空気を入れておくことと、帆の役割を果たすことであり、触手をぶら下げている。停泊のための触手は十二メートルから十五メートルにも伸びる。カツオノエボシはクラゲと同じグループに属している。また、おそらくそのグループの中ではもっとも危険なメンバーであると考えられている。その針はおそろしい毒をもち、刺されると死ぬこともある。

カナガシラ Sea robin

おもにサウスカロライナ州からコッド岬にかけて見られる魚。数は少ないが、はるか北のファンディ湾にも分布している。この魚がいるところは、ケムシカジカなど、カジカの類が多い。どちらも幅広の頭と大きな胸びれ（えらのすぐうしろにある）をもっている。扇形のひれを外側に広げて海底にいることが多い。そして、脅かされると、目まで砂の中に潜る。カナガシラはエビ、イカ、貝類から小さなヒラメやニシンまで、なんでも食べる。

カナダモ Widgeon grass

水中の植物で水鳥がよく食べる。小さな黒い種子も餌になる。沿岸部の汽水で成長する。また、内陸のアルカリ性の淡水中にも見られる。

ガンコウラン Crowberry

アラスカからグリーンランドの北極地帯に生える低かん木。アメリカ北部でも見られる。実(み)は北極の鳥が好んで食べる。

キョウジョシギ Turnstone

海岸の鮮やかな黒と白と赤の姿は一度見たら忘れられない。通称"turnstone"（石をまわす）と呼ばれるのは、短いくちばしで石や貝殻や海藻をひっくりかえしてハマトビムシなどの小さな獲物をさがす習性からきている。

ギンポ Blenny

この小さな魚は、潮間帯の五、六十メートルかもう少し深いところの海藻や岩のあいだにいる。体は細長くややウナギのようで背びれは全長にわたってついている。

クローカー（鳴き魚） Croaker

ニューイングランドの南方の、大西洋岸にたくさんいる魚。背骨の下にある風船のような浮袋の上の特殊な筋肉を使ってドラミングをすることで、ガーガーと音を出すので、その名がある。この音は水中ではかなり離れたところでも聞こえる。チェサピーク湾のあたりでは、この魚を「わからずや（hard head)」とも呼んでいる。

ケイ藻類 Diatom

単細胞の藻類で緑色の本体を黄褐色の色素がおおっている。細胞壁には無水珪酸をふくみ、死んだあとは水底に沈積し、磨き粉に使われる珪石の原料となる。大昔に海底にあったロッキー山脈では、それらが三十メートルもの深さに堆積したものが見うけられる。ケイ藻類は水中での食物連鎖における最初の段階として欠くことができない。

ケムシカジカ Sea raven

この魚はカジカ類のなかでも変わった魚である。大きな針のたくさんある頭、ぼろぼろのひれ、体もトゲだらけである。ラブラドル半島からチェサピーク湾までの沿岸部にいる。コッド岬の北側がもっとも多いところである。この魚を水から上げると体が風船のようにふくらむが、水中に戻すと仰向けに浮かんでしまう。食用魚ではないが、磯釣りをする人はつかまえると、ロブスターの餌にすることが多い。

ケルプ 0arweed

コンブ属の褐藻類の一種で葉状体はどれも大きく、幅広い皮のようである。大型の種は深い水中で生長するが、引き裂かれて海岸に打ち上げられていることが多い。このグループの海藻は植物のなかでは最大のものとして知られている。太平洋の沿岸付近にある種は百メートルもの長さになる。

ケワタガモ Eider

ケワタガモは、海ガモで、ニューイングランドや中部大西洋沿岸への冬の移動のあいだ、ほとんど外洋で過ごす。通常は水中にダイビングして、イガイなどを食べる。このカモの羽毛は〝アイダーダウン〟（羽布団やキルトに使用される綿毛）の主要な原料である。

コオリガモ Old squaw

いつも陽気で、その騒々しい声が有名な海ガモの一種。冬のうっとうしい天候にも関係なくにぎやかである。北極地帯の海岸で繁殖し、冬にはチェサピーク湾からノースカロライナの海岸まで南下する。雄は尾羽が長いので、ほかのカモとすぐに区別することができる。

コガモ Teal
小さいけれどもコガモはカモのなかではいちばん速く泳ぐ。渡りの範囲はニューファンドランド島およびカナダ北部からブラジルやチリぐらいまでの南方にまでおよぶが、多くの種は大西洋沿岸中部諸州（ニューヨーク、ニュージャージー、ペンシルバニア、デラウェア、メリーランドの各州）の付近で越冬する。

コケムシ Bryozoa
海洋性、淡水性生物で通常、繊細に枝分かれしたコケ状の形態をもつ。昔の博物学者は植物だと考えていた。海辺の岩や海藻にレース状の石灰質のかさぶたのような形でついているものもある。

コクガン Brant
これらの黒と灰色のガンたちは沿岸の浅い海を、餌場にしている。そこには彼らの好きなアマモの根や茎がたくさんある。水から顔を出しているアマモを引き抜いて食べる。渡りのルートはバージニアやノースカロライナから、コッド岬、セントローレンス湾、ハドソン湾を経てグリーンランド、さらには北極圏の島々に至る。

サルパ（原索動物サルパ科の総称） Salpa
サルパと呼ばれる動物はすき通った樽形をしている。ひとつの個体は二センチ強だが、多くの個体が鎖状につながってコロニーを形成する。

シロカツオドリ Gannet
大西洋のアメリカ側ではセントローレンス湾の岩崖の上、冬にはノースカロライナからメキシコ湾まで見られる。大型の白い、外洋性の鳥で、しばしば三十メートル以上もの高さから勢いよく飛びこんで餌を捕る。数百羽の集団でニシンやサバの群れを攻撃することもある。

シロハヤブサ Gyrfalcon
大型の北極地帯の白いハヤブサ。おもに小鳥やレミングを餌にして生きている。ときには冬期にニューイングランド、ニューヨーク、ペンシルバニアの北部まで南下してくることもある。

シャジクモ Chara
淡水産の藻類で池や湖に繁茂し、さわると特有のざらざらした感触で壊れやすいが、それは表面の組織に石灰の炭酸塩が沈着しているからである。シャジクモが枯れるとくずれて石灰質が沈積するが、それを肥料として用いる。葉は枝つき燭台のような房になって、中心の茎につき、実は針の頭ほどの大きさで半透明で、オレンジ色や緑色をした提灯のような形をしている。

スナガニ Ghost crab
大型のカニで、砂色をしているので彼らが生活している砂浜では見つけることが難しい。ニュージャージーからブラジルにかけて見られるほか、アメリカの南部の海岸にもよく見られている。このカニは用心深く、かなりの速さで走る。水中に入ることもあるが、通常は潮間帯よりも上部で一メートルも砂に潜っている。

ダイコンソウ A vens, Mountain
バラ科の低木。〝野生のカッコウソウ〟とも呼ばれる。北極圏や北方の低温地域に見られる。花は大型で白色、葉は冬期のライチョウの主たる食料のひとつである。

タップミノー Killifish
小さい魚で、群れを作る習性がある。浅い湾、入江、海岸に沿った沼地などで、何千匹もの群れを発見できる。

チドリ Plover
チドリは海岸の鳥であるが、通常はシギなどがするように波打ち際を走ることはない。波打ち際から離れたところにとどまっている。もっともなじみのある種はフタオビチドリとハジロコチドリである。頭を上げたまま駆け回り、コマツグミのようにすばやく餌を捕る。チドリはカナダと北極地帯（数種はアメリカ国内で営巣）に営巣し、冬期はチリやアルゼンチンまで南下する。

チュウシャクシギ Curlew
長くて大きなクチバシをもつシギの仲間。冬期はアメリカ大陸の太平洋岸、フロリダから大西洋岸を北上して北極で産卵し繁殖する。アメリカダイシャクシギやエスキモーコシャクシギは絶滅に瀕している。ハドソンチュウシャクシギはかなりの数が残っている。

ツメナガホオジロ Longspur, Lapland
アトリ科、スズメ属の鳥で、ウタスズメぐらいの大きさである。冬にはアメリカ北部やカナダの南部で見られることもあるが、夏はカナダ北部の森林限界以北や、グリーンランド、北極圏の島の営巣地で見られる。西部の平原で長くばらけた群れが鳴きかわしながら飛んでいたという記録がある。

テオノエソ Hatchetfish
つぶれたような形の銀色の深海魚。非常に発達した発光組織をもっている。

トウゴロウイワシ Silvers ide
体側に銀色の線の入った、長くて細い小さな魚。この魚の群れは砂浜の海岸沖に多い。

トウゾクカモメ Jaeger
トウゾクカモメはカモメやアジサシと同じカモメ科に属しているが、その習性はタカなどの猛禽類に似ている。高緯度帯の海で越冬し、盗賊のようにミズナギドリなどの獲物を横取りする。極地のツンドラ地帯で営巣する季節のあいだは、小鳥やレミングを餌にする。

ナミマガシワ Jingle shell
薄い殻をもった小さな軟体動物の一種。通常は光沢のある金色、レモン色、桃色をしている。殻は砂浜に吹き寄せられて積み重なり、風や波によってちりんちりんと音を出すといわれている。西インド諸島からコッド岬までに見られる。

ネレイス Nereis
ゴカイの一種。海のミミズのような動物で、長さは種によって五センチから三十センチである。石の下や浅い水中の海藻のあいだで見られるが、水面を泳いでいることもある。通常は青銅色で美しい真珠のような光沢をもつ。強くとがったあごを持つ捕食者である。

ハマトビムシ Sand flea
この小さな甲殻類は海岸の主要な掃除屋で、魚の死体やあらゆる有機物のくずを食べつくす。湿った海藻の山をひっくり返すと、一センチ以下の、何十匹ものハマトビムシが、敏捷に飛び出してくる。浅瀬で生活する種類もいるが、そのほかは湿った砂や海藻の中で生活している。

ヒドロ Hydroid
植物のように見えるがクラゲの仲間である。片方の端に付着肢があり、もう一方に触手に囲まれた口がある。ヒドロ虫が群体をつくったときには枝分れして植物のように見える。

ヒメウミスズメ Dovekie

外洋性の鳥でコマツグミより少し小型で、ウミスズメやツノメドリと同じ科に属する。営巣するときは海岸へ近づく。海上ではよく水に潜り、遠い親戚のアビは足を使って潜るが、ヒメウミスズメは羽を使って潜る。

ヒレアシシギ Phalarope

スズメとヒバリの中間ぐらいの大きさの鳥。海辺の鳥の仲間に属しているにもかかわらず、冬の生息地は外洋である。渡りの時期になると、ヒレアシシギは北米の海岸を集団で離れていく。赤道よりも南まで飛んでいく。海上では泳ぎながら海面でプランクトンを食べる。クジラの背中にとまってクジラについている寄生虫をつついて捕ることもあるといわれている。

プランクトン Plankton

プランクトンという名前はギリシャ語の「放浪者」を意味する言葉からつけられた。海や湖の水面およびその付近で生活しているあらゆる微小な動植物をまとめてプランクトンと呼ぶ。プランクトンのなかにはまったく受動的に波のまにまにあちらこちらにただよっているものもいれば、食物をさがしに活発に泳ぐことのできるものもいる。しかしいずれも水の動きに支配されている。多くの海の生物――ほとんどの魚、貝類、ヒトデ、カニなど――は、成熟する前に、一時的にプランクトンとなる。

フルマカモメ Fulmar

外洋性の鳥でアシナガウミツバメやミズナギドリと同じ仲間である。フルマカモメはセグロカモメよりもわずかに小型で、いつも飛んでいて、とくに海が荒れた日に活発に活動する。夏の生息地はグリーンランドやデービス海峡、バフィン湾で、主要な越冬地はアメリカの海岸から離れたグランド堆やジョージズ堆である。

ホウライエソ Dragonfish

奇妙な外観の、体長三十センチほどの深海魚。一生を水深三百メートルもの深い暗い海で過ごす。

マンジュウダイ Spadefish

この魚の体はほとんど丸形で全体に扁平であるため、地域によっては"moonfish"と呼んだほうがわかりやすい。三十センチから一メートルくらいの大きさで、岩場や杭についた海藻や小動物を餌にしている。

マサチューセッツから南米にかけて見られる。

ミズアブ Soldier fly

成虫になると派手な隊列をつくるので、"Soldier fly"と呼ばれる。幼虫は紡錘形をしていて、水中で生活している。空気は水面に突き出した長い管から取り入れる。

ミズナギドリ Shearwater

沿岸では、嵐を避けてきたときに見られる外洋性の鳥。ズグロミズナギドリは驚くほど長い距離をわたる。この鳥は、明らかに全数が南極海のトリスタン・ダ・クーニャ諸島で繁殖する。そこでは地面の深いトンネルの中に草を敷きつめて営巣する。毎春、ニューイングランドの沖まで長い北への渡りに出発する。そこには五月中旬から十月下旬まで留まる。それから北大西洋を横切り、ヨーロッパとアフリカの海岸線を南下しつづけて、島の繁殖地まで戻る。

ミツマタヤリウオ Round-mouthed fish

外洋魚の一種で中程度の深さのところにいる。体には、燐光を発する器官が列になってついている。魚そのものの色は青灰色から黒色で、水域の深さによって異なる（深いほど水の色が暗くなり、魚の色も黒っぽくなる）。口が非常に大きく、あけると円形になる。

ミツユビカモメ Kittiwake

ミツユビカモメは小型のカモメで、この属のなかではもっとも強健な種である。ミツユビカモメはまったく外洋性の鳥なので、渡りの途中を除いてはめったに陸地で見ることがない。

ミユビシギ Sanderling

美しい中型のシギで、海岸線を代表する鳥の一種である。長距離の渡りをする鳥で、北極圏で繁殖し、冬は、はるか南のパタゴニアで過ごす。

メルルーサ Hake

メルルーサはタラ科の仲間で細長く、先のとがった形をしている。特徴は、触角のように長い腹びれであるが、それを使って海底の獲物を探知すると考えられている。

メンハーデン Menhaden

ニシンやイワシに似た魚で群れをつくる。ノバスコシアからブラジルにかけて見られる。魚油（メンハーデン油）をとったり家畜の飼料にしたり、肥料にするために大量に捕獲されるが、食用魚ではない。

大型の肉食の生物にとっては獲物になっている。クジラをはじめとしてネズミイルカ、サケ、メカジキ、タラなどである。

ヤドカリ Hermit crab

この奇妙なカニは、巻貝などの殻の中で生活している。デリケートな腹部を保護するために、この「宿」に潜りこんでいる。腹部は薄い皮でおおわれているだけである。ヤドカリは、成長して自分の宿よりも大きくなると、新しい宿をさがさなければならない。そして、念入りに宿をあれこれと検討する。いったん選択すると、古い宿から出てすばやく新しい宿に入る。ヤドカリは宿を自分で確保しないで、先住者を強制的に追い出すこともある。

ヤムシ Glassworm

英名で aloworm（矢の虫）、sagitta（サジツァ）とも呼ばれる。小さな細長い透明な動物で、海中でしか生きられない。しかも水面からかなりの深海まで見られる。彼らは猛烈に活発な捕食者で、たくさんの稚魚を食べる。

ユキコサギ Snowy egret

サギのなかでもっとも優雅で上品な鳥といわれている。ユキコサギは一時期、繁殖期に現れる美しい羽毛を取る目的で、乱獲されたため、絶滅に瀕した。この鳥は若いアオサギによく似ているが脚の指が黄色いので区別される。

ユキホオジロ Snow bunting

スズメ目の小鳥で、"snowflake"（雪片）とも呼ばれる。極地帯で繁殖し、冬にはカナダ南部やアメリカ北部に渡る。

ライチョウ Ptarmigan

ライチョウは東西両半球の北極地のツンドラ地帯などの鳥である。冬になると雪がツンドラ地帯の食物をおおい隠してしまうので、内陸の、食物が捕れる河川や渓谷の中に移動して大きな群れをつくる。冬にはメインやニューヨークなどアメリカ北部の州でも見られることがある。

レミング Lemming

小さなネズミに似た齧歯目の動物で、おもに北極地帯にいる。尾は短く、耳は小さく、足は毛皮でおおわれている。ラップランドレミングは定期的に集団移動をすることで有名である。

訳者あとがき

レイチェル・カーソンの五冊の作品のうち最後まで翻訳されずに残っていた *Under the Sea Wind* が『潮風の下で』という題でとうとう出版されることになりました。一九四一年の初版から実に五十余年たっています。

レイチェル・カーソンは『われらをめぐる海』（ハヤカワ文庫）『海辺』（平河出版社）など海を語る作家として、また私たちに環境問題への眼を開かせてくれた警告の書、『沈黙の春』（新潮社）の著者として知られています。さらに、彼女の没後出版された『センス・オブ・ワンダー』（新潮社）は、自然の美しさに感動し、自然との共生を、詩情ゆたかにうたいあげた最後のメッセージです。これらの作品はすべてアメリカではベストセラーになっています。

しかし、『潮風の下で』が出版された当時、レイチェルは商務省の漁業局に勤める無名の若い海洋学者でした。この本がどのような経緯で書かれるようになったかを語る前に、レイチェル・カーソンの生いたちを述べてみましょう。

レイチェル・カーソンは一九〇七年、ペンシルバニア州スプリングデールで敬虔なクリスチャンの家庭に生まれました。父は農場を営み、家のまわりには豊かな自然があふれていました。彼女の作品の特徴である自然との一体感は、幼いとき森や草原や小川のほとりで過した日々に培われたものです。とくに母親のマリアからは、すべての生きもの――小さなものも人間も――が互いにかかわり合い自然に依存して生きていること、生命の輝きの素晴らしさを教えられたのでした。この「生命への畏敬の念」は生涯を通して彼女の信念となったのです。ちなみに本書の原著は母親に捧げられています。少女時代のレイチェルは、まだ見たことない海に深く憧れていました。暖炉の上に飾ってある貝殻を耳にあてて遠い海を想像していました。

一九二四年、ピッツバーグにあるペンシルバニア女子大学（現チャタム大学）に入学したレイチェルは文学部に籍をおく作家志望の学生でした。小学生のころから作文ではいくつもの賞を受けていた彼女は、その才能を教授たちに認められ作家として大成することを期待されていました。しかし、大学生活のなかばで彼女は生物学に魅せられ科学者になりたいと考えるようになりました。長い迷いの後、ついに専攻を変え生物学への道を歩みだしたのです。

一九二八年、大学を卒業したレイチェルはさらにジョンズ・ホプキンス大学大学院に進み動物発生学を専攻することになります。彼女の修士論文は「ナマズ *Ictalurus punctatus* の胚子および仔魚期における前腎の発達」というものでした。研究生活のなかでレイチェルはふたたび詩や散文を書くようになりました。いくつかの習作を雑誌に投稿したりもしています。科学者であり、しかも筆が立つということは彼女の将来にとっては非常に幸せなことでした。やがて父の死とともに家族の生活の責任を担わなければならなくなったレイチェルに与えられた仕事は、漁業局での広報の仕事でした。それは、漁業局が持っている七分間のラジオ番組で放送する魚についてのシナリオ書きです。番組は好評のうちに一年が過ぎ、次は海に関する台本を書いてみました。この原稿を読んだ上司は、『アトランティック』という月刊誌への投稿をすすめ、"Under sea"という作品は初めて全国誌に掲載されたのです。

この作品は著名な作家ヘンドリック・ウィレム・ヴァン＝ルーンと、大手出版社の編集者クインシィ・ホウの関心をひきました。かねてから友人であったこの二人の実力者は、ニューヨークにレイチェルを招き、海とそこにすむ生き物について一冊の本を書くように提案したのです。一九三八年初頭のことです。科学と文学が合流することができるのです。若いレイチェルにとって、それはどんなにか嬉しいことであったにちがいありません。彼女は公務員生活の合間に執筆をつづけ、ようやく『潮風の下で』を書きあげたのは、一九四〇年十二月三十一日でした。彼女の言葉によれば、「この物語は、海の生き物が、私に対してもそうであったように読者に対して生気あふれる実在としてせまるように書きました。海の生き物がどんなものかをつかむためには、活発に想像力を働かせ、しかもしばし人間的なものの見方や規準を捨て去る必要があります。もしもあなたが海鳥か魚であるとすれば、時計やカレンダーで計った時間などは、なんの意味も持たないのですから」……というものでした。そして、一九四一年十一月この本は出版されましたが、時はまさに日本による真珠湾攻撃の直前でした。戦争は人びとの関心を読書からそらしてしまい初版はわずか千三百部しか売れなかったということです。

しかし、専門家たちからは賞讃され、なかでも動物学者のウィリアム・ビービはその編書 *The Book of Naturalists an Anthology of the Best Natural History part II* の中に本書のウナギのアンギラの物語を収録しています。この著作の一巻は、アルタミラの洞窟画から始まり、リンネ、ソローなど十五人。二巻にはダーウィンからカーソンまで三十一人が収められていますがビービの絶賛ぶりがわかります。

こうして世に送り出されたレイチェルの第一作は、やがて公務員を辞め執筆生活に入りベストセラー作家となった後も、彼女にとってはもっとも心やすらぐ母港のような作品でした。そして一九五二年『われらをめぐる海』がベストセラーになったとき、『潮風の下で』も再版され、これまたベストセラーになったのです。

この本を訳すにあたってもっとも苦心したのは生物の名前です。レイチェルの他の作品もそうですが、多くの生物がでてきます。私は魚や鳥の専門家ではないので誤っていたらお教えください。

この本を読まれた方たちが、海に行ったときや潜ったとき、レイチェルの描いた海を思い出してください。そして『潮風の下で』から五十年、汚れてしまった地球をどうすればよいか考えてください。このかけがえのない地球を守るのも、救うのも、破壊し汚すのも人間だということも。

終りに私をはげましつづけてくださった日本環境教育フォーラムのみなさん、翻訳を助けてくださった東玲子さん、上田まさ子さん、生物の名前を調べてくれた林公義さん、上遠岳彦さん、編集の佐藤信弘さんに深く感謝いたします。

一九九三年三月　　　上遠恵子

ヤマケイ文庫版　訳者あとがき

二〇二二年の初秋、一通のメールが届きました。それは山と溪谷社の編集の方からで、レイチェル・カーソンの『潮風の下で』の出版を企画しているというものでした。私はとても嬉しくなりました。『潮風の下で』は、一九九三年に日本環境教育フォーラムの事業『アメリカン・ネイチャー・ライブラリー』の中の一冊として宝島社から出版され、二〇〇〇年には宝島文庫に収録されていたのですが、だんだん書店の本棚から消えていきました。二〇一二年には岩波現代文庫から出版されましたが、そこから十年を経て、山と溪谷社から出版の運びになったのです。八十年前に書かれた本『潮風の下で』が再び書店に並ぶのですから私の心は高揚し、久しぶりに読み返しました。

登場してくるたくさんの生き物たちの描写が生き生きとしていて、その姿が容易に目に浮かびます。この作品が書かれた一九三〇年代後半はテレビもなく潜水技術も進んでいない時代であるにもかかわらず、読者はあたかもそこにいる気持ちになるのです。カーソンの科学的知識の広さと深さ、描写力の豊かさと正確さに改めて感動しました。執筆に際しての細かいところまで調べていることは、彼女の作品の全てに共通しています。海の三部作といわれる本書と『われらをめぐる海』『海辺』、また二十世紀後半における最大の問題提起の書と言われる『沈黙の春』は、千数百編の科学論文を読み四年の歳月をかけています。そして愛すべき『センス・オブ・ワンダー』は、幼いロジャーとの自然の中での体験と感動が描かれています。

レイチェル・カーソンが世を去って六十年近く経った二〇二二年の現在の海をみるとき、汚染をはじめとする変貌の激しさに愕然とします。カーソンが執筆していた頃は、海はまだ太古の姿を残していました。現在はどうでしょう。浜辺に打ち上げられた死んだクジラの胃の中には大量のビニール袋があり、同じことはイルカにもウミガメにもおきています。彼らは餌のクラゲだと思ってビニール袋を飲み込んでしまったのです。海岸にはおびただしいペットボトルやプラスチック製品が流れ着き、マイク

ロプラスチックは、目に見えない形で海と生き物たちを汚染し続けています。そして
さらに無視できないのは、放射性物質による汚染です。
レイチェル・カーソンは、一九六四年十月サンフランシスコで「環境の汚染」とい
う講演をしています。講演の内容は、『沈黙の春』の著者として化学物質による汚染
について語ると思いきや、その大半は放射性物質による汚染について語っています。

〝放射性物質による環境汚染は、明らかに原子力時代とは切り離せない一側面です。
それは核実験ばかりでなく、原子力のいわゆる「平和」利用とも切っても切れない関
係にあります。こうした汚染は、突発的な事故によっても生じますし、また廃棄物の
投棄によって継続的に起こってもいるのです。
私たちが住む世界に汚染を持ち込むという、こうした問題の根底には道義的責任——
自分の世代ばかりでなく、未来の世代に対しても責任を持つこと——についての問
いがあります。当然ながら、私たちは今現在生きている人々の肉体的被害について考
えます。ですが、まだ生まれていない世代にとっての脅威は、さらにはかりしれない
ほど大きいのです。彼らは現代の私たちがくだす決断にまったく意見をさしはさめな
いのですから、私たちに課せられた責任はきわめて重大です。〟

〝海は、原子力時代の汚染ゴミや他の低レベルの廃棄物のための天然の埋立地と化しました。廃棄物の海洋投棄において安全性の限界の研究は多くの場合、既成事実の後手に回っており、捨てられた廃棄物がめぐりめぐってどんな運命を辿るのか。私たちの理解が及ばないうちに、海洋投棄はどんどん進められているのです。〟（『失われた森』集英社文庫）

この講演の半年後一九六五年四月十四日、レイチェル・カーソンは癌のために五十六歳で世を去りました。まさに遺言であるこの言葉は、ヒロシマや福島原発事故を経験した私たちにとって真剣に考えなければならない極めて重い意味を持っています。

この後書きを書いている小春日和の午後、夏の間、緑の木陰をつくってくれた木々は色づき、間も無く盛大に葉を散らすでしょう。自然の営みは確実に、ゆったりと不変の時を刻んでいます。地球に暮らす私たちも自然界の生き物の一員です。戦争体験世代の私はもはや絶滅危惧種になり、最近の倍速視聴とか、年賀の挨拶を〝あけおめ〟などと書く気ぜわしい風潮にはついていけない気がしています。

科学技術の発展に伴い、もっと豊かに、もっと速く便利にという人間の欲望が、地球の温暖化や気候変動などをもたらしているのではないでしょうか。多くの生命とともにこの地球に生きる生き物としての私たち人間は、どう生活すべきかを考える時がきていると切実に思います。天国にいるレイチェル・カーソンはどんなにか心配していることでしょう。

〝平和でなければ地球環境は守れないのですよ〟と。

最後に、この度の文庫化の機会を作っていただいた山と溪谷社の岡山泰史氏に深く感謝いたします。

二〇二二年十一月　　　　上遠恵子

〈著者略歴〉
レイチェル・カーソン（Rachel Carson）
一九〇七―一九六四　アメリカ・ペンシルベニア州生まれ。環境問題への新しい視座を開かせた警告の書で、古典となった『沈黙の春』、ベストセラー『センス・オブ・ワンダー』の著者。レイチェルの第一作である本書と『我らをめぐる海』『海辺』は「海の3部作」と呼ばれ、海とそこに暮らす生き物の魅力を余すところなく伝えている。

〈訳者略歴〉
上遠恵子（かみとお・けいこ）
東京都出身。東京薬科大学卒業。大学研究室勤務、学会誌編集者を経て、エッセイストとして活躍。レイチェル・カーソン日本協会の会長として、レイチェルの魅力と教えを伝える活動にも力を入れている。訳書に『海辺』『センス・オブ・ワンダー』、P.ブルックス『レイチェル・カーソン』などがある。

潮風の下で

二〇二三年一月五日　初版第一刷発行

著　者　レイチェル・カーソン　翻訳　上遠恵子
発行人　川崎深雪
発行所　株式会社　山と溪谷社
郵便番号　一〇一－〇〇五一
東京都千代田区神田神保町一丁目一〇五番地　https://www.yamakei.co.jp/

■乱丁・落丁、及び内容に関するお問合せ先
山と溪谷社自動応答サービス　電話〇三－六七四四－一九〇〇
受付時間／十一時〜十六時（土日、祝日を除く）
■メールもご利用ください。
【乱丁・落丁】service@yamakei.co.jp
【内容】info@yamakei.co.jp
■書店・取次様からのご注文先
山と溪谷社受注センター　電話〇四八－四五八－三四五五　ファクス〇四八－四二一－〇五一三
■書店・取次様からのご注文以外のお問合せ先　eigyo@yamakei.co.jp

本文フォーマットデザイン　岡本一宣デザイン事務所
印刷・製本　大日本印刷株式会社

＊定価はカバーに表示しております。

Printed in Japan　ISBN978-4-635-04951-1

ヤマケイ文庫

既刊

関根秀樹
縄文人になる！ 縄文式生活技術教本
自然とともに生きた縄文の技術が甦る

小林泰彦
ほんもの探し旅
イラストで描いた「ほんもの」から見た文化論

奥山章
ザイルを結ぶとき
日本のアルピニズム発展に尽くした奥山章の生涯

平塚晶人
ふたりのアキラ
アルピニスト松濤明と奥山章を愛した女性の物語

高田直樹
なんで山登るねん
青春の山を通じて語るユニークな登山・人生論

堀内夏子
おれたちの頂 復刻版
山岳漫画の金字塔、不朽の感動作を復刻！

白石勝彦
大イワナの滝壺
難渓に大イワナを求めて入った源流釣行記

伊沢正名
くう・ねる・のぐそ
ポスト・エコロジー時代への問題提起となる奇書

既刊

甲斐崎圭
第十四世マタギ 松橋時幸一代記
名マタギの一生を通して失われた日本を描く

安川茂雄
穂高に死す
穂高の山岳遭難史、逝ける登山家たちの群像

梅棹忠夫
山をたのしむ
文化人類学者・探検家が振り返った山と探検

長野県警察山岳遭難救助隊編
長野県警 レスキュー最前線
映画『岳』のモデルにもなった救助隊の活躍

羽根田治
ドキュメント 道迷い遭難
山岳遭難で最多の「道迷い遭難」を取材・検証

深田久弥
深田久弥選集 百名山紀行（上・下）
『日本百名山』の背景をたどる紀行選集

高桑信一
古道巡礼 山人が越えた径
山中に刻まれた「古道」を辿る旅の記録

岡田喜秋
旅に出る日
「旅」の名編集長が旅と山を描いたエッセイ集

ヤマケイ文庫

既刊

甲斐崎 圭
山人たちの賦
失われゆく「山の民」の足跡を辿るルポルタージュ

盛口 満
教えてゲッチョ先生！ 昆虫のハテナ
子供も大人も楽しめる昆虫の秘密がいっぱい！

盛口 満
教えてゲッチョ先生！ 雑木林のフシギ
散策がもっと楽しくなる、身近な自然のフシギ

田口洋美
新編 越後三面山人記
狩猟文化研究の第一人者の若き日の意欲作

岡田喜秋
定本 山村を歩く
全国有名無名の山村32箇所を訪ね歩いた紀行集

羽根田 治
パイヌカジ 小さな鳩間島の豊かな暮らし
八重山地方の島の人や暮らしをユーモラスに綴る

平谷けいこ
四季の摘み菜12ヵ月
野草の楽しみ方と料理法身近な72種を紹介

井上 靖
穂高の月
作家の自然観と思索が綴られたエッセー選集

既刊

椎名 誠
あやしい探検隊 アフリカ乱入
あやしい探検隊五人の出たとこ勝負、アフリカへ

志水哲也
果てしなき山稜 襟裳岬から宗谷岬へ
単独で冬の北海道縦断を目指した壮大な山行

一坂太郎
坂本龍馬を歩く
龍馬の生き様をゆかりの地から読み解く

山本素石
山釣り
大人の釣り人を満足させる珠玉のエッセイ

椎名 誠
あやしい探検隊 焚火酔虎伝
自然との原初的な出会いを求めて、海・山・川へ

叶内拓哉
くらべてわかる野鳥
日本で見られる主な野鳥約300種類の図鑑

椎名 誠
あやしい探検隊 バリ島横恋慕
「神の山」を目指して、行き当たりばったりの旅

阿部幹雄
ドキュメント 雪崩遭難
8件の事故例を検証、事故防止に必読の一冊